Rajasekhar Pinnamaneni
Kalidas Potineni

Beauveria bassiana w zwalczaniu szkodników palmy olejowej

Rajasekhar Pinnamaneni
Kalidas Potineni

Beauveria bassiana w zwalczaniu szkodników palmy olejowej

Klonowanie i ekspresja patogennego genu Bbchit1

Wydawnictwo Bezkresy Wiedzy

Cover image: www.ingimage.com

This book is a translation from the original published under ISBN 978-620-0-30355-4.

Publisher:
Wydawnictwo Bezkresy Wiedzy
is a trademark of
Dodo Books Indian Ocean Ltd., member of the OmniScriptum S.R.L Publishing group
str. A.Russo 15, of. 61, Chisinau-2068, Republic of Moldova Europe
Printed at: see last page
ISBN: 978-620-0-81156-1

Spis treści

Przedmowa

Palma olejowa *Elaeis guineensis* (Jacq) jest egzotyczną, wysokoplenną rośliną wieloletnią pochodzącą z Gwinei Bissau w Afryce Zachodniej. Niedawno została wprowadzona do Indii jako roślina nawadniana. Jest to jednorodna, biseksualna i entomofilna roślina uprawna. Potrzebuje on pomocy w zapylaniu, stąd też egzotyczny wróbel zapylający *Elaeidobius kamerunicus* Faust, który jest bardzo ważnym czynnikiem zapylającym na swoim rodzimym obszarze, tj. w Gwinei Bissau, został wprowadzony i założony na plantacjach palmy olejowej w Indiach. Ogólnie rzecz biorąc, atak szkodników na palmę olejową jest bardzo niski, ale niektóre z nich zostały prawdopodobnie przeniesione z innych roślin. Najwyraźniejsze z nich to nosorożec, psychidki, robaki liściowe i gąsienice ślimaków. Z tych psychidów, liściowe robaki sieciowe i gąsienice ślimaków są podajniki liściowe należące do rzędu Lepidoptera, mogą pośrednio powodować straty plonów około 20%.

Ponieważ Palma Olejowa jest rośliną entomofilną, stosowanie pestycydów chemicznych w zwalczaniu szkodników może wywierać niebezpieczny wpływ na zapylającego diabła, a w konsekwencji na proces zapylania. Aby przezwyciężyć ten problem, zalecono stosowanie środków biokontroli, jednym z nich jest *Beauveria bassiana,* która według doniesień jest bardzo skuteczna w zwalczaniu szkodnika Lepidopteron. Grzyb nitkowaty *Beauveria bassiana* jest agresywnym grzybem entomopatogenicznym i pasożytniczym. Wiadomo, że występuje na całym świecie jako grzyb grzybnia glebowa. Wytwarza konidiospory (egzospory), które wytwarzają małocząsteczkowe kutasy owadów degradujące enzym chitynazy i antybiotyk oosporynę. *Beauveria bassiana* ma dimorficzny tryb wzrostu. W przypadku braku konkretnego żywiciela owadów *Beauveria* przechodzi przez bezpłciowy cykl życia wegetatywnego, który obejmuje kiełkowanie, wzrost włókien i tworzenie sympodulokonidii. W obecności owada gospodarza, *Beauveria* przełącza się do patogenicznego cyklu życiowego tworzącego puszystą białą matę grzybni na skórze, powodując chorobę białych mięśni, która ostatecznie prowadzi do śmierci owada.

Ze względu na znaczenie *Beauveria bassiana* jako czynnika biokontrolującego, w niniejszej pracy podjęto próbę zbadania charakterystyki kulturowej, wzorców wzrostu *Beauveria bassiana* w różnych warunkach fizykochemicznych środowiska, możliwości opracowania komercyjnego preparatu na dużą skalę, zbadania jego skuteczności jako czynnika biokontrolującego szkodniki z palmy oleistej zarówno w zastosowaniach *in vitro*, jak i w terenie oraz jego możliwego wpływu na zapylające wołki z palmy oleistej. Ponadto rozszerzono badania nad możliwością zwiększenia produkcji enzymu chitynazy poprzez wybór odpowiedniego wektora ekspresji do przenoszenia genu *Bbchit1*, który jest odpowiedzialny za patogenezę. Podjęto również próby oczyszczenia enzymu chitynazy, przewidywania trójwymiarowej struktury enzymu oraz badania jego aktywności. Niniejsze badania mają na celu dostarczenie owocnych informacji na temat wielu kierunków zastosowania w zintegrowanej ochronie przed szkodnikami w przemyśle produkującym palmę olejową.

Rajasekhar Pinnamaneni

Podziękowania

To właśnie dzięki wspaniałej miłości i błogosławieństwom Wszechmogącego ukończyłem studia i prezentuję to dzieło.

Jestem wdzięczny dr P. Kalidasowi, głównemu naukowcowi Narodowego Centrum Badań nad Palmą Olejową, Pedavegi'emu, mojemu opiekunowi ds. badań za zaproponowanie mi tego problemu badawczego, wskazówki naukowe i żywe zainteresowanie. Jego ciągła zachęta i tworzenie przyjaznego środowiska badawczego przez cały okres badań pozwoliły mi z powodzeniem wydobyć tę pracę badawczą.

Pokornie oddaję cześć i szacunek mojemu ukochanemu nauczycielowi, profesorowi K.R.S.Sambasivie Rao, koordynatorowi Centrum Biotechnologii Uniwersytetu Acharya Nagarjuna, który zachęcił mnie do ukończenia pracy dyplomowej na czas. Zawsze będę mu głęboko wdzięczna za jego ciepło miłości, konstruktywną krytykę i hojność wobec mnie.

Serdecznie dziękuję Dr. M. Kochu Babu, Dyrektorowi Narodowego Centrum Badań nad Palmą Olejową, Pedavegi za udzielenie mi pozwolenia na pracę w laboratorium Entomologii tej cenionej organizacji.

Jestem głęboko wdzięczny Dr. G. Venkateswara Rao, byłemu wykładowcy Centrum Biotechnologii na Uniwersytecie Acharya Nagarjuna za jego stałe wsparcie w prowadzeniu badań.

Chciałbym wyrazić moją ciepłą wdzięczność i serdeczne podziękowania dla Pana K. Ravi Kumara, Dyrektora Biominds Life Sciences private Limited, Hyderabad za jego zachętę, nieustanną pomoc i cenne sugestie w zakresie wykorzystania narzędzi bioinformatycznych w mojej pracy badawczej.

Jestem również wdzięczny panu S. Selvarajowi, dyrektorowi i panu J. Sankar z Ohmlinskiego Centrum Badań Molekularnych, Guntur za ich ogromne wsparcie i pomoc w trakcie mojego dochodzenia związanego z pracą molekularną.

Swoją uwagę kieruję do wszystkich naukowców z Centrum Biotechnologii, Uniwersytetu Acharya Nagarjuna oraz pracowników naukowych i nienaukowych

Narodowego Centrum Badań nad Palmą Olejową, Pedavegi, za ich uporczywą zachętę i nieustające uczucie.

Jestem bardzo wdzięczny za moralne wsparcie i zachętę ze strony moich rodziców i mojego brata.

Rajasekhar Pinnamanen

Wprowadzenie

Grzyby entomopatogeniczne są pierwszymi organizmami wykorzystywanymi do biologicznego zwalczania szkodników. Ponad 700 gatunków grzybów z około 90 rodzajów uznano za patogeniczne dla owadów. Większość z nich występuje w obrębie Deuteromyektów i Entomoforali. Niektóre grzyby patogenne dla owadów mają ograniczony zasięg żywiciela, tj. *Aschersonia aleyrodis* zaraża tylko owady łuskowate i mączliki, podczas gdy inne gatunki grzybów mają szeroki zasięg żywiciela, a poszczególne izolaty są bardziej specyficzne. Grzyby takie jak *Metarhizium anisopliae* i *Beauveria bassiana* dobrze charakteryzują się patogennością w stosunku do kilku owadów i były stosowane jako czynniki biologicznego zwalczania szkodników rolniczych na całym świecie. W Kolumbii około 11 firm oferuje co najmniej 16 produktów na bazie entomopatogenicznych grzybów *Beauveria bassiana.* Produkty te są stosowane nie tylko w uprawie kawy, ale również w innych uprawach, takich jak kapusta, kukurydza, fasola, pomidor i ziemniak. Stosuje się je również w leczeniu wektorów chorób publicznych, takich jak muchy i komary (Florez, 2002).

Ludzkie uznanie dla grzybów atakujących owady nie ogranicza się w żaden sposób do współczesnej troski o wykorzystanie ich do biologicznego zwalczania szkodników owadów. Dwa tysiące lat temu Chińczycy byli świadomi mumifikacji jedwabników i cykad przez gatunki *Cordyceps* i *Isaria,* i umieścili półszlachetne i cenne kamienne wizerunki tych owadów w pysku ich zmarłych w celu nadania podobnego stopnia nieśmiertelności (Kobayasi, 1977). Dobroczynność grzybów jako środka zwalczania drobnoustrojów po raz pierwszy pojawiła się w legendach o patologii owadów w 325 r. p.n.e. w Historia animalium Arystotelesa, opisując choroby pszczoły miodnej. Naturaliści i filozofowie kolejnego pokolenia nawiązywali do infekcji pszczoły miodnej, jedwabnika i innych owadów.

Agostino Bassi ustanowił teorię chorób zarodkowych u zwierząt w połowie lat 30. ubiegłego wieku swoimi badaniami nad zakażeniami larwami jedwabników *Beauveria bassiana* (Steinhaus, 1956). Grzyb *B. bassiana* był najczęściej izolowany i pobierany od martwych owadów. Zasięg żywiciela tego gatunku jest szeroki i obejmuje prawie wszystkie rzędy owadów (Narasimhan, 1970). Wszystkie owady mają swoich naturalnych wrogów, takich jak parazytoidy, drapieżniki i czynniki mikrobiologiczne, tj. wirusy, nicień bakteryjny, pierwotniaki i grzyby. Ci naturalni wrogowie pobierają od czasu do czasu duże opłaty i zapobiegają epidemiom szkodników owadów o znaczeniu gospodarczym. Pojedyncza samica muchy zielonej może stworzyć populację pół miliona ludzi w ciągu roku, jeśli jest chroniona przed jej naturalnymi wrogami. Fakt, że populacja owadów utrzymuje się na dość stabilnym poziomie świadczy o tym, że naturalna kontrola jest bardzo skuteczna i dlatego mikolodzy, poprzez staranne regulowanie procesu rozmnażania się patogenów grzybowych, mogą osiągnąć cel biokontroli. Wykorzystanie wirusa wielościanu w USA i Wielkiej Brytanii do zwalczania larw lepidopteronu było spektakularne, produkcja komercyjna wirusa wielościanu jest już ustalona. Odkrycie przetrwalników tworzących *Bacillus thuriengiensis* do zwalczania lepidopteronu i larw muszek domowych posunęło się do przodu i produkcja owadobójczych środków bakteryjnych stała się przemysłem (Narasimhan, 1970). Grzyby te do dziś nie zostały jeszcze w pełni zbadane jako środek do biologicznego zwalczania owadów, oprócz tego, że są zdolne do natychmiastowego zabijania owadów. Jedną z głównych zalet *Beauverii w* porównaniu z konwencjonalnymi pestycydami jest jej długotrwały wpływ na docelową populację żywicieli. Zmniejszona długowieczność i wysoka śmiertelność larw tych dorosłych osobników została zauważona w populacjach owadów narażonych na działanie *B. bassiana, B. brongniartii* jako larw i osobników dorosłych (Bajan *i in.,* 1976).

Tradycyjnie, toksyczne substancje chemiczne były stosowane do zwalczania szkodników i chorób owadów występujących w różnych uprawach. W produkcji roślinnej zniechęca się do stosowania chemikaliów ze względu na ich liczne problemy, takie jak toksyczność w środkach spożywczych, zanieczyszczenie środowiska i wód gruntowych, rozwój odporności na chemikalia oraz powstawanie nowych ras szkodników i patogenów. A co więcej, niektóre chemikalia są niezwykle niebezpieczne dla życia zwierząt i ludzi. Kontrola biologiczna jest najlepszą alternatywą dla pestycydów chemicznych dla skutecznego zwalczania szkodników i chorób, a ponadto jest przyjazna dla środowiska i stosunkowo ekonomiczna w porównaniu z kontrolą chemiczną. Ponownie pojawiło się zainteresowanie mechanizmami biokntroli z powodu niepowodzenia entomologów w zwalczaniu szkodników owadzich poprzez walkę chemiczną na lądzie, wodzie i powietrzu. Ludzie chętnie poszukują nowszych sposobów ochrony upraw przed szkodnikami owadzimi, a jedną z ostatnich strategii zwalczania szkodników owadzich jest stosowanie środków mykoinsektycydowych. Duża liczba grzybów jest patogenna i może działać jako czynniki biokontroli (BCA). Wśród grzybów, w szczególności gatunków *Beauveria, Metarhizium* są kosmopolityczne, entomopatogeniczne i pasożytują na populacji kilku szkodników owadzich. Biologiczne zwalczanie szkodników owadzich przy użyciu mikroorganizmów ma obecnie duże znaczenie. Jednak większość wyników w przeszłości nie była zadowalająca z powodu braku jasnej wiedzy na temat mikologicznych, fizjologicznych i żywieniowych właściwości grzybów.

Grzyb włókienkowy *Beauveria bassiana należy* do klasy deuteromycetów (grzyb InseImperfect), zwykle są to owady patogenne w naturze. Poszczególne szczepy *Beauveria* są bardzo dobrze przystosowane do poszczególnych owadów żywicieli. Szeroka gama gatunków *B. bassiana* została wyizolowana z różnych owadów na całym świecie, które mają znaczenie medyczne lub rolnicze. Interesującą cechą *Beauverii* jest wysoka specyficzność żywiciela. Głównymi żywicielami o znaczeniu zdrowotnym są wektory czynników różnych tropikalnych chorób zakaźnych, takich jak mucha tsetse, *glossina morsitans,* muszka piaskowa, *ćmiankowiec* przenoszący *Leishmanię* oraz robaki z rodzajów *Triatoma* i *Rhodnius,* wektory choroby Chagasa. Do żywicieli o znaczeniu rolniczym zalicza się chrząszcza ziemniaczanego z gatunku Colorado, ćmę dorszową oraz kilka rodzajów termitów. Ponadto wysoki poziom trwałości w populacji żywiciela i w środowisku naturalnym zapewnia długotrwały wpływ grzybów entomopatogenicznych na zwalczanie szkodników. W Chinach *B. bassiana* jest stosowana przeciwko omacnicy prosowianki, *Ostrinia mubilalis,* gąsienicom sosnowym *Dendrolimus* spp. i zielonym zmieraczkom liściowym *Nephotettix* spp. W Związku Radzieckim *B. bassiana* jest produkowana pod nazwą handlową Boverin w celu zwalczania chrząszcza ziemniaczanego Colorado *Leptinotarsa decemlineata* i ćmy włochatej *Laspeyresia pomonella.* Ogólnie rzecz biorąc, B. *bassiana charakteryzuje się* dimorficznym sposobem wzrostu (Clarkson i Charnley, 1996). Jednak w przypadku braku konkretnego żywiciela owadów *Beauveria* przechodzi przez bezpłciowy cykl życia wegetatywnego, który obejmuje kiełkowanie, wzrost nitkowaty i tworzenie sympodulokonidii. W obecności owada-żywiciela, *Beauveria* przechodzi do patogenicznego cyklu życia. Konidiospory kiełkują na powierzchni naskórka, a kiełkujące rurki hiphalowe przenikają bezpośrednio do integumentu owada. Po przeniknięciu przez skórkę grzyb zmienia morfologię wzrostu na fazę drożdżopodobną i wytwarza podwzgórza, które krążą w hemolimpie i rozmnażają się przez pączkowanie. Po śmierci żywiciela wzrost grzyba powraca do typowej formy hiphalowej (faza saprotroficzna), a zdolność do konwersji do fazy drożdżopodobnej może być warunkiem wstępnym patogeniczności (Charnley, 1984).

W przeciwieństwie do bakterii i wirusów, kiedy skażona żywność przechodzi przez ścianę jelita, pełna będzie miała unikalny tryb zakażenia. Docierają one do hemokosu przez skórkę lub ewentualnie przez części ust, a połknięte zarodniki grzybów nie kiełkują w jelicie i są eliminowane przez kał. Zwykle śmierć owada wynika z połączenia takich czynników jak uszkodzenia mechaniczne wynikające z inwazji tkanek, wyczerpywanie się zasobów odżywczych i toksykoza. Przyczepienie zarodnika grzyba do powierzchni kutra wrażliwego żywiciela stanowi początkowe zdarzenie przy zakładaniu grzybicy. Dla większości entomopatogenicznych żywicieli grzybów lokalizacja żywiciela jest przypadkowa, a przyczepienie jest procesem pasywnym wspomaganym przez wiatr lub wodę. Stwierdzono, że suche zarodniki *B. bassiana* posiadają zewnętrzną warstwę złożoną z międzywarstwowych powięzi prętów hydrofobowych. Warstwa ta wydaje się być unikalna dla etapu stożkowego i nie została wykryta na komórkach wegetatywnych. Przyleganie suchych zarodników do naskórka sugerowano na skutek niespecyficznych sił hydrofobowych wywieranych przez pręt lets (Boucias *i in.*, 1988). Ponadto, na stożkowej powierzchni *B. bassiana* wykryto lektyny, rodzaj węglowodanowych glikoprotein wiążących glikoproteiny. Sugerowano również, że lektyny mogą uczestniczyć w wiązaniu konidiów z naskórkiem owada. Dokładne mechanizmy odpowiedzialne za interakcję zarodników grzybów z naskórkiem pozostają do ustalenia (Latge i Monsigny, 1988). Po dotarciu patogenu do powierzchni żywiciela i jego przyleganiu do niej następuje szybkie kiełkowanie i wzrost, na które wpływ ma dostępność składników odżywczych, tlenu, wody, a także pH i temperatura oraz wpływ toksycznego związku powierzchniowo - żywicielskiego. Ogólnie rzecz biorąc, grzyby o szerokim spektrum żywicieli będą kiełkować w warunkach hodowli w odpowiedzi na szeroki zakres nieswoistych źródeł węgla i azotu. Wydaje się, że grzyby Entomopatogeniczne o ograniczonym zakresie żywicieli mają bardziej szczegółowe wymagania dotyczące kiełkowania (St Leger i T. M Butt, 1989a).

Pasożytniczy mechanizm działania grzybów entomopatogenicznych podczas inwazji na żywicieli zwykle poprzez bezpośrednie przenikanie do naskórka żywiciela. Naskórek posiada dwie warstwy, zewnętrzną epicutelikę i prokutelikę. Epikutelka jest bardzo złożoną cienką strukturą, pozbawioną chityny, ale zawierającą białka stabilizowane fenolem i pokrytą warstwą woskową zawierającą kwasy tłuszczowe, lipidy i sterole (Hackmann, 1984). Prokutelka stanowi większą część skórki i zawiera włókna chitynowe wbudowane w matrycę białkową wraz z lipidami i chinonami. Białko może stanowić 70% skórki. W wielu miejscach naskórka chityna jest zorganizowana spiralnie, co powoduje powstanie struktury laminatu. Ogólnie rzecz biorąc, *B. bassiana* conidia kiełkują na powierzchni żywiciela i różnicują strukturę zakażenia określaną jako appressorium. Apressorium stanowi adaptację do koncentrowania energii fizycznej i chemicznej na bardzo małej powierzchni, tak aby wnikanie jej mogło być skutecznie osiągnięte. Dlatego też tworzenie się appressorium odgrywa kluczową rolę w tworzeniu patogenicznej interakcji z żywicielem. Tworzenie appressorium może być pod wpływem topografii powierzchni gospodarza i badań biochemicznych wskazują na udział wewnątrzkomórkowych sekund posłańców Ca2+ i cykliczne AMP (cAMP) w tworzeniu appresorium (St Leger *et al.*, 1991). Grzyby patogenne muszą przenikać przez skórkę do ciała owada, aby uzyskać składniki odżywcze dla jego wzrostu i rozmnażania. Wniknięcie do żywiciela wiąże się zarówno z degradacją enzymatyczną, jak i mechaniczną, o czym świadczy fizyczne oddzielenie lamel przez przeniknięte hyphae. Szereg pozakomórkowych enzymów, które mogą degradacji głównych składników naskórka owada, w tym chitynazy, lipazy, esterazy i co najmniej cztery różne klasy proteaz, zostały zaproponowane do funkcjonowania podczas patogenezy grzybów. Produkcja enzymów degradujących naskórek przez *M. anisopliae* podczas infekcji i tworzenia struktury na *Calliphor vomitoria* i *Manduca sexta została* zbadana za pomocą analizy biochemicznej i histochemicznej zarówno *in vivo* jak i *in vitro.* Pierwsze enzymy produkowane na kutrze to endoproteazy i aminopeptydazy, które zbiegają się w czasie z powstawaniem aspersorii. A N-Acetyloglukozaminidaza jest wytwarzana w wolnym tempie w porównaniu z enzymami proteolitycznymi. Nie wykryto aktywności chitynazy i lipazy (St Leger *i in.*, 1989b). Chociaż złożona struktura naskórka owada sugeruje, że penetracja wymagałaby synergicznego działania kilku enzymów, wiele uwagi skupiono na endoproteazie o działaniu kuternoskórkowym, uważając ją za kluczowy czynnik w tym procesie (St Leger i in., *1989b*).

Istnieje wiele poszlakowych dowodów na udział toksyn grzybobójczych w śmierci żywiciela, pochodzących od patogenów deuteromycetowych. Działanie cytotoksyn jest sugerowane przez zaburzenie komórkowe przed penetracją do hyphae. Objawy behawioralne, takie jak częściowy lub ogólny paraliż, ospałość i zmniejszona drażliwość u owadów grzybiastych, są zgodne z działaniem toksyn nerwowo-mięśniowych (Charnley, 1984). Stwierdzono, że *B. bassiana* i *M. anisopliae* produkowały znaczne ilości związków toksycznych u swoich żywicieli. Na przykład toksyny Beauvericin, Beauverolides, Bassianolide i Isarolides zostały wyizolowane od żywicieli zakażonych *B. bassiana* (Hamil i Sullivan, 1969; Elsworth i Grove, 1977).

Palma olejowa *Elaeis guineensis* (Jacq) pochodzi z Gwinei Bissau w Afryce Zachodniej i należy do rodziny Arecaceae i Order Arecales. W Indiach palma olejowa została niedawno wprowadzona jako roślina nawadniana. Uprawiana jest jednak głównie jako roślina deszczowa w innych krajach uprawiających palmę olejową i jest największym producentem oleju roślinnego spośród wszystkich roślin oleistych, ma potencjał plonowania 4-6 ton oleju na hektar. Produkuje dwa różne oleje, tj. olej palmowy (ekstrahowany z mezokarpu) i olej z ziaren palmowych (ekstrahowany z ziaren). Stosowanie oleju palmowego jest znane w Indiach od 500 lat. Uprawa palmy olejowej została rozszerzona do około 50.000 hektarów w prawie jedenastu stanach. Palma olejowa ma kilka uniwersalnych właściwości w stosunku do corocznych upraw nasion oleistych, tj. wysoką wartość odżywczą (bogatą w witaminy A i E), zapewniającą zrównoważony dochód przez okres 25 lat, dodającą dużo materii organicznej do gleby, dobrze przystosowaną do środowiska naturalnego. Palma olejowa jest bardzo podobna do palmy daktylowej. Jej owoce są pestkowcami, mają kształt od prawie kulistego do owalnego. Mierzy około 5 cm i waży około 30 g. Dojrzałe owoce mają kolor czarno-zielony, a w okresie dojrzewania przechodzą w czerwonopomarańczowy. W palmie olejowej dostępne są trzy różne formy owoców: Tenera, Dura i Pisifera. Tenera jest hybrydą gruboskorupowej Dura i mniej żeńskiej sterylnej Pisifera. Ogólnie rzecz biorąc, atak szkodników na palmę olejową jest bardzo niski, ale niektóre z nich są zauważane migrując z innych roślin, takich jak kokos, Palmyrah itp. takich jak nosorożec, psychidy, robaki liściowe, gąsienice ślimaków, termity i łuski są ważne szkodniki palmy olejowej w Indiach (Anon, 1991). Z tych psychidów, liściowe robaki sieciowe i gąsienice ślimaków są podajnikami liściowymi należącymi do rzędu Lepidoptera, których atak może pośrednio wykazać straty plonów do 20%. Lepidoptery są poważnymi szkodnikami na palmie olejowej, a szczególnie na nawadnianych plantacjach palmy olejowej w Indiach. Spośród różnych gatunków odnotowanych w Andhra Pradesh, gąsienice z rodziny Notodontidae są poważniejsze, powodując ciężkie defoliacje w okresie zimowym w starszych ogrodach. Kalidas i Rethinam (1998) po raz pierwszy zgłosiły występowanie formerów liściowych powodujących ciężką defoliację. Kalidas (2003) zgłosił przypadki utraty plonów z powodu menacji gąsienicowej, około 21% w pierwszym roku, 24% w drugim roku i 41% w kolejnym roku. Ogólnie rzecz biorąc, owady są lepiej przystosowane do środowiska palm olejowych ze względu na dogodne warunki życia i zwykle rozmnażają się w dużych ilościach ze względu na dużą ilość pokarmu. Szeroka gama gatunków Lepidoptera odżywiających się liśćmi jest kontrolowana, często bardzo skutecznie, przez różne choroby wirusowe i grzybicze (Mariau i Desmier de chenon, 1990). Wood *et al.* , w 1972 roku wykazały sztuczną defoliację o 50%, co spowodowało zmniejszenie plonu o 43%. Stwierdzono, że szkodniki z rodzaju Lepidopteron mogą być bardzo skutecznie zwalczane przez organizm przyjazny dla środowiska, *Beauveria bassiana,* entomopatogen.

Lepidoptery są zwykle obserwowane w miesiącu wrześniu do lutego przez pojawienie się na powierzchni starych liści larw pierwszych instarsów żerujących na powierzchni. Obserwuje się, że te pierwsze larwy wywołują efekt ścinania się zawartości chlorofilu, w wyniku czego pojawiają się brązowe plamy. Później plamy te zamieniają się w dziury. Lepidoptery wpływają na aktywność fotosyntetyczną liści i w konsekwencji prowadzą do zmniejszenia plonu. Larwa jest szkodliwym stadium wszystkich defoliacji odnotowanych na palmie olejowej. Te Lepidopterony zwykle najpierw atakują dolne liście i w trakcie występowania stopniowo sięgają do góry. Biologiczna kontrola tych szkodników przy użyciu środków mikrobiologicznych jest koniecznością godziny. Informacje na temat szkodników z rzędu Lepidopteronów oraz typowe objawy uszkodzeń przedstawiono na rys. 1. Ze względu na znaczenie *Beauveria bassiana,* jako czynnika biokontroli, przeprowadzono prace mające na celu zbadanie wzorców wzrostu *Beauveria bassiana* i jej skuteczności jako czynnika biokontroli szkodników palmy olejowej, dobór odpowiedniego wektora ekspresji do przenoszenia genu *Bbchit1* odpowiedzialnego za patogenezę, oczyszczenie enzymu chitynazy i zbadanie jego aktywności przy użyciu następującego programu pracy.

Program pracy

- W celu zbadania cech morfologicznych *Beauveria bassiana*

- Optymalizacja charakterystyki wzrostu *Beauveria bassiana* poprzez dobór różnych mediów odpowiednich do jej komercyjnej formuły.

- Badanie wpływu termicznego punktu zgonu i czasu zgonu termicznego dla rzędu *Beauveria bassiana.*

- Optymalizacja właściwości fizykochemicznych dla kultury *Beauveria bassiana* poprzez zmianę parametrów fizycznych i składników chemicznych.

- Badanie zabójczego wpływu (promieniowania UV) na wzrost *Beauveria bassiana.*

- Badanie wpływu agrochemikaliów na wzrost *Beauveria bassiana,* czynnika biokontrolnego

- Aby wydobyć komercyjne sformułowanie *Beauveria bassiana.*

- Poszukiwanie antagonistycznych skutków działania *Trichoderma viride* na *Beauveria bassiana.*

- Badanie skuteczności działania *Beauveria bassiana* na szkodniki palmy olejowej.

- Badanie wpływu pestycydów na populację zapylającego watahy i formacje liściowe palmy olejowej.

- Aby sklonować gen Bbchit1 do odpowiedniego wektora ekspresji.

- W celu wyizolowania wyrażonego enzymu chitynazy

- Oczyszczenie enzymu za pomocą chromatografii jonowymiennej.

- Przewidywanie trójwymiarowej struktury enzymu egzochitynazy *Beauveria bassiana.*

- Określenie aktywności enzymu i zbadanie możliwości jego komercyjnego formowania.

Przegląd literatury

Hipomiocyty to grzyby grzybniotwórcze rozmnażające się za pomocą konidiów i wytwarzane na wolnych lub zagregowanych konidiforach na powierzchni podłoża (Madelina, 1963). Istnieje wiele gatunków Hyphomycetes, które rosną na owadach (Koboyasi, 1977), ale dla dużej liczby pozostaje do udowodnienia pogoda są one pasożytnicze lub saprofityczne. Literatura dotycząca bionomiki gatunków owadów przewiduje, że istnieje tylko dość mała grupa gatunków, które są bardzo powszechne, rozległe i ważne w przyrodzie jako czynniki biotyczne wpływające na wielkość populacji owadów. Większość z nich to członkowie rodzajów *Beauveria, Metarhizium* i *Isaria* (Madelina, 1963). Mac Leod (1954) w swoich odkryciach podał, że nazwano 14 gatunków *Beauveria*, które były charakterystyczne dla tego rodzaju, ale tylko dwa były możliwe do utrzymania. Gatunki *Beauveria* tworzą zwykle luźną, twardą matę grzybniową z poduszkami lub obszarami o konidialnych strukturach (Samson, 1980). Charakterystyka wzrostu danego gatunku *Beauveria* jest zależna od rodzaju zastosowanego podłoża (Petch, 1926a).

Lefebure (1931) podała, że *B. bassiana* zebrana z otworu rogówkowego wytworzyła płaski, mączysty, kredowy i pulweryzujący wzrost na 15 typach podłoży; gdzie jako *B. globulifera* wytworzyła charakterystycznie podwyższony, szklisty, luźny i kłaczkowaty wzrost grzybni na wszystkich podłożach z wyjątkiem jednego. Siemaszko (1937) był zdania, że płaski, pudrowy wygląd *B. bassiana z* jednej strony, a z drugiej strony luźny, uniesiony szkieletowy lub wełnisty wzrost grzybni charakterystyczny dla *B. globuliera wynikał* głównie z relatywnej ilości wytwarzanych konidiów i hypha. Zaobserwowano, że szczep *B. bassiana*, który pierwotnie produkował białe masy w hodowli, tworzył masy zarodnikowe, które po (Petch, 1926b) były bladokremowe. Siemaszko i Jawarski (1939) doszli do wniosku, że kolor powierzchniowy nie ma tak dużego znaczenia w rozróżnianiu gatunków. W badaniach tych grzybnia początkowo była niezmiennie biała, ale w miarę dalszego wzrostu kolor grzybni stopniowo zmieniał się, upodabniając się do koloru zarodników, które zwykle tworzą się na powierzchni kultury w miarę dojrzewania. Na niektórych podłożach *B. bassiana kojarzona jest* z jaskrawoczerwoną barwą, podczas gdy na PDA nie było widocznego rozwoju koloru (Paty, 1935). Zaobserwowano, że na żelatynie *B. bassiana* uzyskuje barwę bordową (Delacroix, 1893). Ciekawostką jest fakt, że *B. densa* nadaje PDA zarówno odcień żylasto-fioletowy (Siemaszko, 1937), jak i żelatynową czerwień (Picard, 1915). *B. globulifera* kojarzona jest z różnymi kolorami na sztucznych podłożach, do których należą: czerwono-fioletowy (Speare, 1920), purpurowy i brudnożółty (Dieuzeide, 1925) oraz zielonkawy żółty (Poission i Patay, 1935).

Pośród izolatów *Beauveria*, nitki grzybni składają się z cylindrycznych, często anatomizujących hipha, w których krzyżowe ściany są mniej lub bardziej rozstawione, w zależności od wieku kultury. Średnica niedojrzałych włókien wynosi około 1,5 -3,0 μ (MacLeod, 1954). Gdy zarodniki są produkowane obficie przez izolaty *Beauveria, rodzą się* jako zwarte, globusowe główki, albo na głównych gałęziach hiphalowych, albo na krótkich bokach, zwane conidiophores (MacLeod, 1954). Rozwijają się one od grzybni pod kątem prostym w pobliżu przegrody i pojawiają się na początku jako projekcje tumor podobne do projekcji, które stopniowo wyłaniają się tworząc hiphe-podobne elementy na głównej hyphae (Petch, 1926b).

Konidiofory wykazują znaczne zróżnicowanie zarówno pod względem wielkości, jak i kształtu. Niektóre z typowych są proste, a niektóre rozgałęzione. Stożkowce nierozgałęzione są podłużne od prawie globusowych do praktycznie cylindrycznych o wielkości 2.5-5.5x1.5-2.5 μ. Stożkowce rozgałęzione wahają się pomiędzy 15.5-25.5 x 1.5-3.0 μ (MacLeod, 1954). Komórki sporogenne daj±ce zarodniki przenoszone s± niekiedy bezpo¶rednio na konidiofory, ale zwykle na komórki o kulistym kształcie, takie jak pro-fialidy (Timonin, 1939).

Włókna zarodnikowe w rodzaju *Beauveria* to fialidy (Beauverie i Les Muscardines, 1914; Paty, 1935). Według Hughes'a (1951) fialid jest komórką, która rozwija jeden lub więcej otwartych końcówek, z których basipetalowa sukcesja conidia (fioletowe zarodniki) rozwija się bez zwiększenia długości fioleidu to siebie. Zarodniki te będą nazywane zarodnikami końcowymi, ponieważ każdy z nich kończy wzrost włókien nośnych zarodników, dalszy wzrost następuje poprzez utworzenie nowego punktu wzrostu poniżej wierzchołka (Mac Leod, 1954). Włókna przetrwalnikujące wykazują znaczną zmienność w rozmiarze i kształcie, mogą być komorowe, podłużne, dość krótkie i smukłe lub wydłużone, nitkowate do tego stopnia, że przypominają włókna wegetatywne. Komórki sporogenne mogą występować bezpośrednio na grzybni, szczególnie gdy wzrost odbywa się w niekorzystnym stanie, ale częściej na krótkich rozgałęzieniach lub pęcherzykach (Vuillmen, 1912; Beauverie i Les Muscardines, 1914; Siemaszko, 1937). Podstawowe odcinki komórek sporogennych mają kształt kuli ziemskiej o średnicy od 1,5 do 3,5μ, przy średniej średnicy 2,5μ. Niektóre z nich mogą mieć nieregularny kształt, prawdopodobnie w wyniku stłoczenia, w miarę jak skupiska stają się bardziej zwarte, wahający się od 3,0-7,5x1,0-3,5μ. Końcowy odcinek składa się z bardzo cienkiej nitki przypominającej włókno, która wystaje z korpusu komórki sporogennej i przenosi zarodniki (Mac Leod, 1954). W izolatach *Beauveria, w* zależności od warunków wzrostu, pęcherzyki i komórki sporogenne rosną i rozmnażają się w masie, tak że w tych ostatnich etapach rozwoju tworzą zwarte, globusowe do owalnych skupisk. Wśród tych skupisk mogą występować pewne różnice nie tylko w wielkości i kształcie, ale także w układzie lub wzorze grup. W bardziej typowych skupiskach komórki sporogenne znajdują się na pęcherzykach, które rozwijają się pojedynczo, w parach lub w rzędach wzdłuż jednej lub obu stron grzybni lub konidioforów. Klastry te mogą być globusowe, o μśrednicy 16-80 mm lub owalne, 24-230μ x 20-40 mm (μMacLeod, 1954).

W przypadku gatunku *B. tenella* zarodniki są owalne do elipsoidalnych (Siemaszko i Jawarski, 1939) i to właśnie na tych cechach gatunek został ostatecznie opisany i nazwany. Zarodniki *B. brongniartii* (Saccardo, 1892) *B. melolonthae* (Saccardo, 1912) i *B. shiotae* (Kuru, 1932) również są owalne i tym samym przypominają zarodniki *B. tenella.* Zarodniki pozostałych gatunków w tym rodzaju *Beauveria, B. bassiana* (Poisson i Patay, 1935), *B. effusa* (Poisson i Patay, 1935; Siemaszo, 1937*), B. delacroixii* (Delacroix, 1893*), B. vexans* (Poisson i Patay, 1935) opisały, że *B. doryporae* jest globusem. Istnieje jednak kilku badaczy (Spegazzni, 1880; Dieuzeide, 1925; Lefebure, 1931; Petch, 1931; Poisson i Patay, 1935), którzy odnosili się do zarodników *B. bassiana, B. doryphorae, B. stephonoderis, B. necans, B. laxa i B. globulifera w różnych odmianach globu,* od globu do owalu. Analiza pod mikroskopem świetlnym i elektronowym posłużyła do opisania sposobu przenikania entomopatogenicznego grzyba *Beauveria bassiana* (Balsamo) Vuillemin do kukurydzy, *Zea mays* L. Po zaszczepieniu dolistnym rozpylaczem konidiów, kiełkująca hyphae rosła losowo na całej powierzchni liścia. Często rurka kiełkowa powstała z konidiów i wydłużyła się tylko na krótką odległość przed zakończeniem wzrostu. Nie wszystkie rozwijające się hyphae na powierzchni liścia przenikały do skórki. Jednakże, gdy doszło do penetracji, miejsce(a) penetracji było przypadkowo zlokalizowane, co wskazuje, że *B. bassiana* nie wymaga szczególnych sygnałów topograficznych w odpowiednim miejscu wejścia, podobnie jak niektóre grzyby fitopatogenne. Zaobserwowano długie struktury hiphalowe podążające za apoplastem liści w dowolnym kierunku od punktu penetracji. W obrębie elementów ksylem zaobserwowano kilka hiphalów. Ponieważ ustalono, że wiązki naczyniowe są połączone w całej roślinie kukurydzy, może to wyjaśniać, jak *B. bassiana* przemieszcza się w obrębie rośliny i ostatecznie zapewnia ogólną ochronę owadobójczą. Badania biologiczne wirulencji wykazują, że *B. bassiana* nie traci zjadliwości wobec omacnicy prosowianki, *Ostrinia nubilalis* (Hübner), po skolonizowaniu kukurydzy. Ten endofityczny związek pomiędzy entomopatogenicznym grzybem a rośliną sugeruje możliwości biologicznej kontroli, włącznie z użyciem autochtonicznych inokuli grzybowych jako insektycydów.

Beauveria bassiana jest najbardziej znanym i przyczynowym czynnikiem katastrofalnej choroby mięśniowej jedwabników. Jest to najszerzej rozpowszechniony gatunek z tego rodzaju i na ogół występuje w postaci białych kępek kurzu wzniesionych na Coleoptera, Lepidoptera, Diptera i innych owadów zarówno w obszarach umiarkowanych jak i tropikalnych. *Beauveria bassiana* jest wrażliwa na czynniki glebowo-mokowiskowe. Przetrwaniu w glebie sprzyja ciemność i obniżenie zarówno temperatury, jak i wilgotności gleby, w 8OC i w suchych warunkach, a 90% conidia przetrwało ponad 635 dni (Clark i Mandellin, 1965; Walstad *i in.,* 1970) na krzemionkowym żelu conidia przetrwało do 36 miesięcy przechowywania w -20OC (Bel i Hamale, 1974). Wielu pracowników używało różnych półstałych i płynnych mediów do masowego namnażania *Beauverii.* Muller-Kogler (1967) sugerował, że podłoże luźne (otręby lub ziarna kukurydzy), a nie stałe jak agar, daje więcej zarodników, ponieważ zarodniki/jednostka masy pożywki jest związana z powierzchnią pożywki. Puzari i Hazarika (1992) zaprojektowały niedrogie podłoże z łuską ryżu, pyłem z piły i otrębami ryżowymi w stosunku 75:25:100, odpowiednio do wykonywania kultury masowej *B. bassiana* do kontroli hispy ryżowej, *Dicladispa armigera* (Oliver). Zaproponowano różne metody izolowania grzybów entomopatogenicznych z różnych źródeł. Główną trudnością jest wyeliminowanie czynników zanieczyszczających, które zaczynają się rozwijać w i na ciele owada bezpośrednio po jego śmierci. Dezynfekcja powierzchniowa integratora jest zazwyczaj wystarczająca, aby skutecznie odizolować grzyby od zarodników powstałych na martwym owadzie, gdy jest on umieszczony w wilgotnym środowisku. Jednoczesne stosowanie podłoża selektywnego, które jest szkodliwe dla rozwoju bakterii, zapewnia sukces w większości przypadków (Muller-Kogler 1967).

Padlina owadów jest zmumifikowana w grubej warstwie grzybni, zarodników, bakterii i różnych grzybów. Dezynfekcja powierzchni integry pozostaje w tym przypadku nieskuteczna, ponieważ nie wyklucza szybkiego odrastania mikroorganizmów saprofitycznych. W związku z tym konieczne jest stosowanie selektywnych pożywek, które zapobiegają rozwojowi bakterii i minimalizują rozwój grzybów nadbiegunowych, takich jak *Mucor* spp. Bezpośrednia izolacja konidiów *B. bassiana* i *M. anisopliae* obejmowała przede wszystkim stosowanie półselektywnych pożywek. Jedną z pierwszych pożywek była pożywka używana do ogólnej izolacji grzybów glebowych, która zawierała glukozę, oksgall i pepton z różem bengalskim, chloremphenicol i cykloheksymidem jako antybiotyki (Veens i Ferron, 1966). Pożywka z glukozą, wyciągiem z drożdży i oksgallem jako składnikiem odżywczym zmieniona cykloheksymidem, siarczanem streptomycyny i tetracykliną została opracowana do ogólnej izolacji *B. tenella* z gleby (Joussier i Catroux, 1976). Doberski i Tribe (1980) opracowali pożywkę na bazie podobnych składników z krystalicznym fioletem zastąpionym przez różę bengalską. Podłoże to zostało użyte do izolacji *B. bassiana* i *M. anisopliae* z kory wiązów i gleby. Dekstroza szablasta i oksgall jako kolejne pożywki bazowe zostały zmienione za pomocą pencyliny G, siarczanu streptomycyny, oksytetracykliny, cykloheksymidu i binapakrylu. Pożywka ta została opracowana do stosowania w izolacji z gleb polowych utrzymywanych w warunkach laboratoryjnych (Ling i Donaldson, 1981). Ostatnio, Beilharz *i wsp.* (1982) odkryli dodynę (octan n-dodikyloguanidyny), która selektywnie hamowała niektóre grzyby glebowe inne niż *B. bassiana* i *M. anisopliae* po dodaniu w ilości 1,0 g preparatu na litr. Każde z tych pożywek zostało opracowane w odpowiedzi na potrzebę oceny wpływu różnych metod leczenia na przeżycie entomopatogenów. Pożywka selektywna zawierająca agar owsiany okazała się lepsza od siedmiu innych pożywek do izolacji EPF z pożywki sztucznej doniczki. Dodanie 0,55 g/lit dodyny i 5 mg/lit chlortetracykliny pozwoliło na optymalny odzysk *Beauveria*, zmniejszenie ilości dodyny do 0,46 g/lit i dodanie 0,38 g/lit benomylu pozwoliło na większą częstotliwość w przypadku braku większości innych grzybów (Chase *i in.,* 1986). Agar owsiany zawierający 650 ppm aktywnej dodyny jest selektywny dla niektórych grzybów zamieszkujących glebę, w szczególności *B. bassiana* i *Meatarrhizium anisopliae,* które rzadko były izolowane z gleby innymi technikami (Beilharz *i in.* , 1982).

Belling i Glenn (1911) stwierdzili, że *Beauveria* obfituje w pola Kansas, USA. Pobierali oni próbki gleby i inkubowali się w wilgotnych, ciepłych warunkach, sprzyjających *Beauverii.* Zaobserwowali, że gleba z każdego hrabstwa Kansas była siedliskiem *Beauverii* i nie wspomniano o *Metarrhizium.* Metody platerowania nieselektywnego zostały użyte przez Bhatt (1970) do izolacji *B. bassiana* z próbek gleby pobranych z różnych miejsc gleb leśnych z białym cedrem w Kanadzie. *Beauveria* została wyizolowana z 35 z 44 próbek gleby pobranych u podstawy wiązów, które zostały poważnie zainfekowane przez chrząszcza wielkiego (Doberski i Plemię, 1980). Metodą płytek rozcieńczających oznaczono gęstość inokulum grzybów *B. bassiana na glebie* polowej w Lucernie i stwierdzono, że 95% próbek było dodatnich dla *Beauverii,* a gęstość grzybów mieściła się w przedziale 1790-3130 jtk/g gleby suchej. Próbki gleb pobrano z różnych siedlisk przez subarktyczną wyspę Macquarie i zbadano na obecność EPF i zaobserwowano, że *Beauveria* jest gatunkiem dominującym, a następnie *Metarrhizium* i *Paecilomyces* (Roddam i Rath, 1997). Dynamika *B. bassiana* w powietrzu i glebie została zarejestrowana przez *Shimazu et al. w 2002 r.* przy użyciu podłoża selektywnego. Zaobserwowali oni, że zagęszczenie *B. bassiana* w glebie Puszczy Serratskiej w Chinach było niezwykle wysokie.

Ogólnie rzecz biorąc, wydaje się, że gatunki owadów żyjące poza glebą, na specjalnych podłożach, np. grzebieniach miodu, mące i korze drewna, najlepiej nadają się do wabienia grzybów entomopatogenicznych. Warunki głodu i stresu w glebie prawdopodobnie zwiększają ich podatność na działanie patogenów (Kmitowa *i in.,* 1977). Metoda przynęty na owady została po raz pierwszy zastosowana przez Zimmermanna (1986) do izolacji *Beauverii.* Zastosował on [3.] i [4.] w larwach gwiazdy większej ćmy woskowej (*Galleria melonella*) i stwierdził, że larwy *Galleria* są bardziej podatne na wiele patogenów grzybowych. Metoda Galleria bait jest prostym i praktycznym narzędziem w badaniu naturalnego występowania i przestrzennego rozmieszczenia szerokiego spektrum grzybów entomopatogenicznych, jak również pojedynczego gatunku w prawie każdym rodzaju gleby i niezależnie od naturalnego żywiciela i pory roku (Zimmermann, 1986). Łącznie w okresie od czerwca do grudnia 1988 r. przebadano 100 próbek gleb z różnych stref geograficznych i różnych typów gleb w rejonie Darmstadt w Niemczech, grzyby entomopatogeniczne zostały wykryte z powodzeniem metodą przynętową przy użyciu larw *G. melonella* i *Tenebrio moloitor* jako insektów przynętowych, na 100 próbek 22 były dodatnie w *Beauveria* (Kleespies *i in.*, 1989). Vannien i Hokkanen (1989) badali liczebność entomopatogenicznych grzybów hipomiocytarnych na fińskich glebach rolniczych metodą nawabiarek. Badania wykazały, że *B. bassiana* była najczęściej występującym gatunkiem na glebach fińskich, szczególnie w naturalnych, niezakłóconych siedliskach. Spektrum i występowanie EPF w ściółce i lesie plażowym oraz na łąkach i glebach ornych w Polsce zostało ocenione na obecność *Beauveria przy* użyciu larw *G. melonella* jako przynęty, a wyniki wykazały, że w ściółce *B. bassiana* jest gatunkiem dominującym, a zakażenie wystąpiło bardziej wiosną niż jesienią (Mretkiewski *i in.,* 1990). W badaniach przeprowadzonych w Polsce, przy użyciu larw *G. melonella* i *Ephestia kuehniella* jako przynęty, stwierdzono, że obfitość występowania *B. bassiana była większa na* glebach czarnych (Mietkiewski i Mietkiewski, 1993).

Występowanie EPF w naturalnych i rolniczych glebach Finlandii badane było przez Vanninena (1995) przy pomocy metody przynęty na owady, z wykorzystaniem larw *G. melonella* i *T. moloitor* jako insektów przynętowych. Spośród 590 próbek gleby pobranych z różnych siedlisk w okresie pięciu lat, 19,8% próbek miało wynik dodatni dla *Beauverii.* Lee *et al.* , w 1996 r. przeprowadzili badanie, wykorzystując larwy *G. melonelli* jako przynętę z próbek gleby pobranych z pięciu prowincji i dwóch miast Republiki Korei. Grzyby patogeniczne zostały wykryte z 40 z 200 próbek i zidentyfikowane jako *Beauveria* (10,5%), *Metarrhizium* (9,5%). Stopień odzysku grzybów z siedlisk wynosił 62,5% z lasów, 17,5% z terenów nadbrzeżnych, 15% z ugorów i 5% z gruntów rolnych. Naturalne występowanie EPF w próbkach gleby pobranych z różnych siedlisk południowych Włoch było badane przy użyciu larw *G. melonella* jako przynęty, 14,5% próbek gleby było dodatnich na dwa EPF tj. gatunki *Beauveria* i *Metarrhizium* (Bajan *i in.,* 1996). Klingen et *al.* , w 2002 r. opracował metodę zwabiania próbek gleby larwami *Delia floralis.* W ich badaniach przeprowadzono badania systemowe na glebach północnej Norwegii pod kątem występowania grzybów patogennych owadzich, a badania wykazały istotnie wyższe występowanie grzybów patogennych owadzich w próbkach gleby pobranych z pól uprawnych gospodarstw prowadzonych ekologicznie. Das Gupta (1950) był jednym z pierwszych pracowników, który zgłosił *B. bassiana* pod nazwą *Botrytis bassiana* z Indii jako organizm wywołujący chorobę jedwabników. Urs *i wsp.* , (1967) zaobserwowali występowanie *B. bassiana* na kapuście półkrwi. Zaobserwowano epizootię na szkodnikach konopi słonecznych wywołaną przez *Beauveria* spp. Ramamurthy i wsp. , (1967), w której stwierdzono atak *B. brongniartii* na korzenie *Holotricha serrata*. Naturalne występowanie *B. bassiana zaobserwowano* na niektórych szkodnikach owadów ryżowych, tj. na *Scirpophaga incertulas* Walk. *Sesamia inference* walk, *Chilo auricilius* Dudg, *Cnaphalocrosis medinalis* Gn., *Hierogluphus banian* Fabr., *Paranara* sp. i *Nephotettix nigropictus* w CRRI Cuttack (Rao, 1975). Nayak i Srivastava (1978) zidentyfikowali białego grzyba muskardynowego *B. bassiana* na kilku gatunkach owadów ryżu. Chorobę obserwowano na nimfach, osobnikach dorosłych z zielonym konikiem liściowym (*Nephotettix nigropictus* stal. *Nephotetix virescence*) i osobnikach dorosłych z pasiastym łodygiem (*Chilo auricularis* Dudg). *B. bassiana* jest potencjalnym bioagentem przeciwko chrząszczowi Mesta, *Nisotra orbiculata* i był to pierwszy raport z Indii (Pandit *i in.*, 1979). Przeprowadzono badania terenowe w ekosystemie ryżowym zasilanym przez deszcz i odzyskano 240 trupów ryżu hispa (*Dicladispa armigera (*Oliver) (Coleoptera, Chrysomelidae), których entomogenicznym związkiem utworzonym przez grzyby na owadach był *B. bassiana* (Bals.) vuill, *Aspergillus flavus* Link., *Fusarium heteroporum* Neesex Fr., *Pencillium cyclopium* Westl., *Geotrichum* sp. i *Mucor* spp. te trzy pierwsze zostały uznane za entomopatogenne, podczas gdy pozostałe dwa są oportunistyczne (Puzari i Hazarika, 1992). Stwierdzono, że *B. veleta* Samson i Evans były wysoce patogenne dla szypra ryżu (*Pelopidas methias* F.), gąsienicy rogatej (*Melonites ismene* Cram.) i foldera liściowego (*Cnaphalocrosis medinalis* Gn.) w naturalnych warunkach polowych w Auranachala Pradesh, Indie (Padmanabhan *i in.,* 1990).

Przeprowadzono badania EPF na szkodnikach ryżu w porze wilgotnej w latach 1994-95 i stwierdzono, że większość populacji larwalnych kompleksu fałdów liściowych składających się na *Cnaphalococrosis medinalis*, *Marasmia patnalis* i *Marasmia ruralis* została zakażona *B. bassiana* i grzybiaste zwłoki były przytwierdzone do niezarażonych liści ryżu przez wypuszczenie z kutasa kopii grzyba cottony white, zakres stwierdzonej grzybicy wynosił 13-100 procent (Ambethgar, 1997). Ambethgar (2002) przeprowadził badania terenowe na 9-

letnim polu ryżowym, roślin strączkowych, orzechów ziemnych, bawełny i nerkowca z Tamilnadu i Pondicherry i wykazał, że występowanie 16 gatunków EPF, w tym 11 gatunków Deuteromycotina, wśród nich *Beauveria,* jest najczęściej spotykane na takich owadach ryżowych jak *Cnaphalococrosis medinalis, Nilaparvata lugens, Marasmia patnalis* i *Marasmia ruralis*. Balaraman *i wsp.* , (1979) wyizolowali trzy grzybicze patogeny larw komarów, tj. *M. anisopliae, B. tenella* i *Fusarium oxysporum*, w badaniach laboratoryjnych i stwierdzono, że wszystkie instancje larw *Culex fatigens* i *Anaphilis stephensi są* podatne na inokulację przez ponad trzy grzybicze patogeny. Dwa gatunki *Beauveria zostały* odkryte z naturalnie zainfekowanych owadów zebranych w Ekwadorze i Brazylii, te dwa nowe gatunki *Beauveria* zostały napotkane i stwierdzono, że osiągają proporcje epizootyczne (Samson i Evans, 1982). Agarwal *i in.* , (1985) zgłosili chorobę białych owadów muskardynowych teaku. Przeprowadzono badania w regionie Cerrado w Brazylii w celu odizolowania EPF od martwych owadów zebranych z pól sojowych i stwierdzono, że *B. bassiana* jest częstym patogenem u większości zainfekowanych owadów (Yaginuma *i in.,* 1994). Gouli *i wsp.,* (1997) zaobserwowali, że kilka gatunków grzybów, w tym *B. bassiana* i *Verticillum lecanii,* występujących naturalnie w dzikiej populacji *Adelges tsugae* z Nowej Anglii, stanu USA. Hibernujące osobniki dorosłe *Oebalus poecilulus* (Dallas) zostały zebrane z lasów bambusowych w Eldorado do Sul County, a wyizolowany grzyb został zidentyfikowany jako *B. bassiana.* Różne szczepy *B. bassiana zostały wyizolowane* i zidentyfikowane z zaatakowanych samic kleszczy *Boophilus microplus* zebranych z gleby w Paracambi, Rio dejaneiro, Brazylia (Costa *et al.,* 2002). *B. bassiana* jest bardzo skuteczna przeciwko szkodnikom ryżu: S. *inferens; S. incertula; C.auricilius*; *C.medinalis*; *Paranara* sp.; *Hieroglyphus* sp. i *N. virescens* (Rao, 1975). Skuteczność *B. bassiana* przeciwko BPH badano w warunkach chronionych, śmiertelność zaczęła się 2 dni po oprysku i do [6] dnia osiągnęła 90% w porównaniu z żadnym w kontroli (Srivastava i Nayak, 1977). W ten sposób *B. bassiana* jest znanym grzybem z gatunku białej muskardynki, na którym stwierdzono ponad 100 gatunków owadów. Rombach *et al.* , (1986) poinformował, że śmiertelność BPH 63-98,3% w polu i 100% w laboratorium przy zastosowaniu zawiesiny *B. bassiana* @4-5x1012 conidia/ha. Zidentyfikowano szereg patogenów grzybiczych, które zarażają i zabijają owady ryżowe, w tym *Entomopthora fumosa* speare, *B.bassiana, M.anisopliae* i *Hirsutella* spp., a wśród nich *B. bassiana* jest bardzo skuteczna przeciwko nimfom i osobnikom dorosłym z zielonych liści ryżu (Gupta i Pawar, 1989). Ambethgar (1996) badał skuteczność *B.*

bassiana na tle folderów liściowych ryżu w warunkach doniczkowych. Zaobserwował, że w 9. dniu szczepienia śmiertelność sięgała 79%, podczas gdy w 9. dniu szczepienia nie było żadnej kontroli. U leczonych larw wystąpił typowy objaw przerośnięcia przez szklistą, białą, puszystą masę zarodnikową w proszku.

Wright i Chandler (1991; 1992) badali skuteczność *B. bassiana* przeciwko wołka borowikowego w doświadczeniu laboratoryjnym, wyniki wykazały, że śmiertelność wynosi odpowiednio 78 i 92 procent w przypadku metod żywienia i bezpośredniego kontaktu. Skuteczność *B. bassiana przeciwko wiciokrzewowi liściowemu* była oceniana zarówno w warunkach laboratoryjnych, jak i polowych i zaobserwowano, że grzyb był w stanie zabić larwy wiciokrzewu liściowego w ciągu 4 dni w laboratorium i na polu, po tygodniu zaobserwowano kilka trupów grzybiczych. Zmniejszyło to również populację dzikich domostw w pobliżu obór bydlęcych, gdy zastosowano je w warunkach polowych (Ramesh *i in.* , 1999). Maniania (1993) badała w warunkach polowych skuteczność *B. bassiana* w postaci suchego ziarna ryżu, namoczonego ziarna ryżu i wodnej zawiesiny stożkowej przeciwko borerowi z łodygi kukurydzy (*Chilo partellus*). Preparaty oparte na wodnym i suchym ziarnie ryżu wykazały podobną skuteczność w zmniejszaniu populacji larwalnych, uszkodzeń liści i długości tunelu łodygi. Preparat na bazie suchego ziarna ryżu wywołał największą liczbę infekcji grzybiczych w populacji larwalnej dwa tygodnie po zastosowaniu. Oczekuje się, że roczna sprzedaż chemicznych środków owadobójczych osiągnie 0,5 miliarda dolarów w 1970 r. (Neumayer *i in.,* 1969), mikrobiologiczne środki owadobójcze stanowią prawdopodobnie mniej niż 0,5% wszystkich sprzedawanych środków owadobójczych. Pomimo faktu, że entomopatogeny są historycznie starsze niż stosowanie chemicznych środków owadobójczych, jednym z głównych powodów, dla których mikrobiologiczne środki owadobójcze nie zostały wykorzystane, pomimo wielu przykładów ich udanego zastosowania jest potrzeba zastosowania złożonej technologii produkcji. Naturalne i żywe mikrobiologiczne środki owadobójcze wymagają na ogół bardziej wyspecjalizowanej technologii produkcji niż ta wymagana w przypadku syntetycznych chemicznych środków owadobójczych (Ignoffo, 1967). Ważnym aspektem w masowej hodowli grzyba do zwalczania drobnoustrojów jest dobór szczepów, które utrzymują wysoki stopień zjadliwości *in vitro* i zapewniają dobry wzrost przy obfitej sporulacji. Wydajność zarodników często zależy od rodzaju podłoża stosowanego do masowego rozmnażania grzyba (Gustafsson, 1965). Martignoni (1964) opracował skuteczną metodę masowego wytwarzania zarodników grzybów *Beauveria i Metarrhizium*. Podstawowymi podłożami do hodowli były zazwyczaj produkty pszenne, rogowe lub ziemniaczane. Muller-Kogler (1967) sugerował, że luźne (otręby lub ziarna kukurydzy), a nie stałe podłoże jak agar, daje więcej zarodników, ponieważ zarodniki/jednostka masy podłoża jest związana z jego powierzchnią. Obecnie stosowane są trzy główne metody produkcji masowej dla *Bauveria*: rozmnażanie na stałych podłożach odżywczych z naturalnym napowietrzaniem, wzrost w warunkach pół sterylnych oraz produkcja w podłożach płynnych na maszynach wstrząsowych. *Bauveria* jest dimorficzna, a gdy jest uprawiana w zanurzonych kulturach, które są wstrząsane i napowietrzane, wytwarzają komórki podobne do drożdży zamiast grzybni, komórki te nazywane są zarodnikami i mogą być szybko produkowane masowo. Wadą kontroli mikrobiologicznej jest to, że suche zarodniki są krótsze niż conidia Muller-Kogler (1967). Masowa hodowla przetrwalników została osiągnięta przy użyciu *B. bassina* (Smasinakova, 1966; Kawakami, 1967), *B. tenella* (Cordon i Schwartz, 1962).

Bruce i Leslie, 2000 wykorzystali mikroskopię świetlną i elektronową do opisania sposobu przenikania entomopatogenicznego grzyba *Beauveria bassiana* (Balsamo) Vuillemin do kukurydzy, *Zea mays* L. Po zaszczepieniu dolistnym rozpylaczem konidiów, kiełkujące hyphae rosły losowo na powierzchni liścia. Rurka kiełkująca utworzona z konidium i wydłużona tylko na krótko przed zakończeniem wzrostu, ale wszystkie rozwijające się hyphae nie przeniknęły na powierzchnię skórki. Jednakże, gdy doszło do penetracji, miejsca penetracji były zlokalizowane losowo, co wskazuje, że *B. bassiana nie* wymaga szczególnych sygnałów topograficznych w odpowiednim miejscu wejścia, podobnie jak niektóre grzyby fitopatogenne. Zaobserwowano długie struktury hiphalowe podążające za apoplastem liściowym w dowolnym kierunku od punktu penetracji. W obrębie elementów ksylem zaobserwowano kilka hiphalów. Ponieważ wiązki naczyniowe są połączone w całej roślinie kukurydzy, może to wyjaśniać, jak *B. bassiana* przemieszcza się w obrębie rośliny i ostatecznie zapewnia całkowitą ochronę owadobójczą. Badania biologiczne wirulencji wykazują, że *B. bassiana* nie traci zjadliwości w kierunku omacnicy prosowianki, *Ostrinia nubilalis* (Hübner), po skolonizowaniu kukurydzy. Ten endofityczny związek pomiędzy entomopatogenicznym grzybem a rośliną sugeruje możliwości biologicznej kontroli, w tym wykorzystanie autochtonicznych inokulacji grzybów jako insektycydów.

Thomas *et al.* , (1987) przeprowadzili pierwsze badania naukowe nad kondycjacją mikrocylu *B. bassiana*. Badanie to wykazało fizjologiczne wymagania dotyczące charakterystyki produkcji i zakaźności. Masowa produkcja EPF może odbywać się techniką fermentacji difazowej lub zanurzeniowej. Fermentacja difazowa ma zalety łączenia mediów płynnych i stałych, co pozwala na masową produkcję odpowiednio grzybni i konidioforów. Ponieważ konidiofory były gotowymi do użycia propagulkami infekcyjnymi EPF, szczególny nacisk położono na konidia w środowisku stałym lub ciekłym. Produkcja mediów stałych zapewnia uzyskanie typowych konidiów powietrznych, ale napotyka na poważne ograniczenia w zakresie wydajności objętościowej. Z drugiej strony, produkcja ciekłych mediów optymalizuje wydajność objętościową, ale wydajność stożków zanurzonych może być ograniczona przez kilka czynników, w tym zmniejszenie napowietrzania z powodu dużej ilości fermentacji (Feng i Johnson, 1990). Najwcześniejsze mikrobiologiczne środki owadobójcze zostały sformułowane w formie suchej i stosowane jako pyły lub zwilżalne proszki, użyty wypełniacz lub nośniki to attapulgit, pełniejszy ziemia, pirofilit, talk, kaolin, bentonit i inne materiały obojętne. Wiele z nich jest nadal stosowanych w chemicznych środkach owadobójczych (Watkins i Norton, 1955). Na ogół zarodniki mogą być stosowane w postaci pyłów, aerozoli lub granulek. Najlepszy skład zależy przede wszystkim od gatunku grzybów. Lekką zaletą pyłów jest to, że mogą być przechowywane w stanie surowym, a ich wirowanie w strumieniach powietrza ma tendencję do przylegania zarówno do dolnej, jak i górnej powierzchni liści. Mąka gadżetowa i mleko w proszku służyły jako odpowiednie rozcieńczalniki pyłów (Kerner, 1959; Barlet i Leferbure, 1934; Dresner, 1949).

Zhang *et al.* , (1990) opracował formułę *B. bassiana* w trzech różnych formach, tj. zwilżalny proszek do rozpylania cieczy, płynny proszek do opylania i granulki do ręcznego rozprowadzania. Badania terenowe wykazały, że nie stwierdzono istotnych różnic w skuteczności tych trzech preparatów przeciwko piralidowi kukurydzy *Ostrinia furnacalis*. Sandhu *i wsp.* , (1993) wykazali, że wybór korzystnej wilgotności względnej i temperatury może przedłużyć przechowywanie *B. bassiana* conidia i zjadliwość przez 24 miesiące w przypadku stosowania produktu *B. bassiana* dla larw 3. stadium rozwojowego ciecierzycy płowej (*Helicoverpa armigera* Hubner). Preparat proszkowy *B. bassiana*, który pierwotnie został wyizolowany w Brazylii, został przygotowany w talku (uwodniony krzemian magnezu), silkagelu, sproszkowanym ryżu i skrobi kukurydzianej, które były przechowywane w różnych temperaturach tj. 15-380C, 6-2oC i -7 do -10oC. W przeciwieństwie do preparatów przechowywanych w pierwszym stanie, które całkowicie utraciły żywotność po 1-8 miesiącach, niesformułowane konidia były całkowicie niezdolne do życia po dwóch miesiącach. Wszystkie preparaty przechowywane w warunkach chłodniczych i zamrażalniczych utrzymywały 100 procent żywotności przez siedem lat (Alves *i in.*, 1996). Booth and Shanks (1998) produkowali suszoną grzybnię ryżową z trzech entomopatogenicznych gatunków grzybów, *M. anisopliae, B. bassiana; Paecilomyce farinosus* i byli oceniani według pięciu kryteriów: okres przechowywania, skuteczność polowa, trwałość i skuteczność przeciwko owadom i trwałość polowa. *B. bassiana* conidia zostały utworzone w proszku do rozpylania (DP), zawiesinie olejowej (OS) i nowych uwodornionych granulkach oleju rzepakowego, trzy preparaty zostały ocenione pod kątem *Sitophilus zeamais w* celu zbadania ich potencjalnego zastosowania w zwalczaniu przechowywanych szkodników zbożowych. Żywotność Conidia była wysoka w granulkach (84,7%), a następnie w proszku nadającym się do zapylenia (83,3%) i zawiesinie olejowej (53,3%) 45 dni po przechowywaniu w 25 ^{oC} (Hidalgo *i in.,* 1998). Agarwal (1998) potwierdził wcześniejsze ustalenia Miranpuri i Chachatourians (1990; 1991), że *B. bassiana* była owadobójcza dla *Aedes aegypti* (Lin.). Unikatowe w ich badaniach jest to, że konidia zostały zmieszane z 1% dekstrozy jako czynnik kiełkujący zarodniki i spowodowały 100-procentową śmiertelność. Śmiertelność była proporcjonalna do zastosowanego stężenia konidiów. Toksyczność preparatu jest lepsza od niesformułowanego produktu i jest porównywalna z handlowym preparatem *B. bassiana, którym* jest mikotrol (Gutierrez *i* in., 2002). Ogólnie rzecz biorąc, nie istniał jeden wzór, który spełniałby wszystkie wymagania dotyczące składu różnych gatunków grzybów entomopatogenicznych, a izolaty mogą się różnić.

Eksperymenty z kontrolą biologiczną z *Beauveria* są liczne i zostały skierowane w szczególności do chrząszczy kolorado i innych Coleoptera i Lepidoptera. Donoszono, że różne gatunki larw komarów mogą być zabijane przez pylenie konidiów na powierzchni wody (Clark *i in.*, 1968); larwy pszczół nie były podatne, podczas gdy dorosłe pszczoły ginęły (Toumanoff, 1931). Został on również wyizolowany z płuc żółwi olbrzymich i żółwi skrzyniowych dotkniętych chorobą płuc (Georg *i in.*, 1962), a wzrost zarodników powietrza doprowadził również do reakcji alergicznych u człowieka (Roberts, 1973).

Hallsworth i Magan (1996) badali wzrost i fizjologię konidialną entomopatogenicznych grzybów *Beauveria bassiana, Metarhizium anisopliae* i

Paecilomyces farinosus w różnych warunkach. Określono wpływ wieku hodowli (do 120 dni), temperatury (5 do 35OC) i pH (2,9 do 11,1). Wzrost był optymalny przy pH 5 do 8 dla każdego izolatu i między 20 a 35OC, w zależności od izolatu. Dominującym poliolem w konidiach był mannitol, zawierający do 39, 134 i 61 mg/g konidiów (sup-1) odpowiednio dla *Beauveria bassiana, Metarhizium anisopliae i Paecilomyces farinosus.* Conidia of *Metarhizium anisopliae* zawierały stosunkowo niewielkie ilości polioli o niskiej masie cząsteczkowej i trehalozy (łącznie mniej niż 25 mg (sup-1)) we wszystkich metodach leczenia. Conidia of *Beauveria bassiana* i *Paecilomyces farinosus zawierały do* 30, 32 i 25 mg glicerolu, erytrytolu i trehalozy, odpowiednio g/conidia (sup-1), w zależności od leczenia. Conidia *Paecilomyces farinosus zawierała* niezwykle duże ilości glicerolu i erytrytolu w pH 2,9. Pozorny wpływ pH na ekspresję genów omówiono w związku z indukcją reakcji na stres wodny, która była pierwszym doniesieniem o poliolach i trehalozie w rozmnożeniu grzybów produkowanych w różnych temperaturach lub przy różnym pH.

Mikroorganizmy są obecnie intensywnie badane pod kątem stosowania jako biopestycydy (Mc Coy, 1990; Shah and Pell, 2003). Kilka gatunków grzybów, w tym *Metarhizium anisopliae*, *Verticillium lecanii* i *Beauveria bassiana, jest* wykorzystywanych jako środki biokontroli wielu szkodników uciążliwych dla upraw, zwierząt gospodarskich i ludzi (Liu H Skinner *i in.*, 2003). Szczepy *Beauveria bassiana* zostały dopuszczone do komercyjnego stosowania przeciwko mączlikom, mszycom, wciornastkom i licznym innym szkodnikom owadów i stawonogów. Preparaty grzybów *Beauveria bassiana są rozprowadzane* na różnych warzywach, melonach, owocach drzew i orzechach, jak również na uprawach ekologicznych. Jako alternatywa dla pestycydów chemicznych środki te są naturalne i uważane są za niepatogenne dla ludzi, chociaż odnotowano kilka przypadków infekcji tkanek za pośrednictwem *Beauveria bassiana* (Henke *i in.*, 2002). Wzrost i produkcję środka przeciwgrzybiczego przez *Mycena leptocephela* badano w różnych składach pożywek przy różnym początkowym pH i temperaturze. Maksymalny wzrost i aktywność obserwowano przy początkowym pH 5,5 i 25OC. Przy pH 3,5 i 7,5 nie zaobserwowano wykrywalnego wzrostu i aktywności. Wzrost grzybów i ich aktywność przeciwgrzybicza była bardzo niska przy 37OC i 20OC. Organizm rozwijał się lepiej, a ekstrakt z hodowli wykazywał wyższą aktywność przeciwgrzybiczą, gdy jako źródło węgla stosowano ekstrakt słodowy plus glukozę, a ekstrakt drożdżowy - azot, natomiast najniższy poziom wzrostu i aktywności przeciwgrzybiczej obserwowano, gdy skrobia była wykorzystywana jako źródło węgla do wzrostu grzyba (Vahidi *i in.*, 2004).

Gatunki *Beauveria bassiana* i *Metarhizium anisopliae* są obecnie rozwijane na całym świecie jako czynniki biokontroli różnych szkodników. Wykorzystanie tych grzybów w praktycznych programach biokontroli będzie wymagało produkcji dużych ilości inokulum. Mimo że techniki produkcji i stałe podłoża zostały opracowane za granicą, charakterystyka produkcji nowozelandzkich szczepów była nieznana. Zbadano wpływ podłoży stałych (ryż, pszenica i jęczmień) z dodatkami (glukoza i wyciąg z drożdży), temperatury i długości inkubacji na produkcję konidialną. Maksymalna uzyskana wydajność stożkowa wynosiła 4,38 X109 conidia/g ryżu dla *Beauveria bassiana,* 3,02X109 conidia/g suchego podłoża dla *B. brongniartii* oraz 1,42X109 conidia/g dla *Metarhizium anisopliae.*) We wszystkich przypadkach maksymalna wydajność została osiągnięta, gdy grzyby były uprawiane na ryżu przez 3 tygodnie w temperaturze 23oC, w warunkach naturalnego światła dziennego (Nelson *i in.,* 1996).

Wpływ temperatury, pH i stężenia chlorku sodu na wzrost grzyba *Monascus ruber var tieghem*, głównego mikroorganizmu psującego się podczas przechowywania oliwek stołowych, badano przy użyciu techniki płytek gradientowych. Dla płytek przygotowano gradienty chlorku sodu (NaCl) (3 do 9%, masa/obj.) pod kątem prostym do gradientów pH (2 do 6,8), które inkubowano w 25, 30 i 35OC. Widoczny wzrost grzybów, wyrażony w jednostkach gęstości optycznej, zarejestrowano za pomocą analizy obrazu i przedstawiono graficznie w postaci siatek trójwymiarowych. Wyniki uzyskane na płytkach wykazały, że grzyb jest odporny na sól i kwasy, może rosnąć w stężeniu NaCl do 9% (wagowo/objętościowo) i wartości pH nawet do 2,2, w zależności od temperatury inkubacji. Efekt hamujący NaCl zwiększał się wraz ze stopniowym spadkiem pH przy 25 i 30OC, ale nie przy 35OC· Wzrost był lepszy przy 30 i 25OC, co wynikało z większej ilości płytek pokrytych grzybnią w porównaniu z 35OC, gdzie nie zaobserwowano wzrostu przy pH poniżej 3,7. Rozróżnienie pomiędzy wzrostem wegetatywnym (w stadium niedoskonałym) i reprodukcyjnym (w stadium doskonałym) było widoczne na wszystkich płytkach, dostarczając przydatnych informacji o wpływie warunków środowiskowych na formę wzrostu grzybów. Gdy model powierzchni wzrostu/brak wzrostu uzyskano poprzez zastosowanie liniowej regresji logistycznej, stwierdzono, że wszystkie czynniki (pH, NaCl i temperatura) oraz ich interakcje były istotne. Wykresy interakcji wzrost/brak wzrostu dla wartości P 0,1, 0,5 i 0,9 opisały wyniki zadowalająco przy 25 i 35OC, natomiast przy 35OC model przewidywał niższe minimalne wartości pH dla wzrostu w zakresie od 7 do 10% NaCl niż te obserwowane na płytkach. Ogólnie rzecz biorąc, sugeruje się, że grzyb nie może być hamowany przez jakąkolwiek kombinację pH i NaCl w granicach środowiska solanki, dlatego też konieczne jest dalsze przetwarzanie w celu zapewnienia stabilności produktu na rynku.

Verticillium lecanii zostało uznane za entomopatogen o dużym potencjale w biologicznym zwalczaniu szkodników. W przypadku *Verticillium lecanii* zbadano dwa rodzaje metod hodowlanych, fermentację półprzewodnikową (SSF) i fermentację cieczową (LSF). W SSF badano rodzaje substratów, w tym ryż, otręby ryżowe, łuskę ryżu i mieszanki tych składników. Uzyskane wyniki wskazują, że zarówno gotowany ryż z odpowiednim dodatkiem wody, jak i otręby ryżowe dawały istotnie większą produkcję zarodników, odpowiednio 1,52X109 zarodników/g podłoża i 1,42X109 zarodników/g podłoża. W LSF jako podłoże wykorzystano płynne podłoże SMAY i zbadano wpływ warunków środowiskowych na produkcję zarodników *V. lecanii*. Od momentu rozpoczęcia badań w 9. dniu wydajność zarodników wynosiła 1,22X109 zarodników/ml bulionu przy 24OC dla tego szczepu. Na potrzeby napowietrzania badano serię średnich objętości w kolbie wytrząsarki. Największy test napowietrzania powierzchniowego, jedna dziesiąta objętości pożywki w kolbie wytrząsarkowej do uprawy, dała najwyższą liczbę przetrwalników. Optymalna wartość pH została przetestowana, a początkowe pH 5 w pożywce SMAY dawało wysoką gęstość przetrwalników. Ostatecznie zarodniki *Verticillium lecanii* z SSF i LSF różniły się wielkością, kształtem i rozkładem wielkości, podczas gdy średnia długość zarodników z SSF wynosiła 6,17 m, a średnia długość zarodników z LSF wynosiła 5,07 m (Feng i Johnson, 1990). Po dotarciu patogenu do powierzchni żywiciela i przyleganiu do niej następuje jego szybkie kiełkowanie i wzrost, na które duży wpływ ma dostępność składników odżywczych, tlenu, wody, a także pH, temperatura itp. oraz toksyczny wpływ związku powierzchniowego żywiciela. Ogólnie rzecz biorąc, w hodowli kiełkują grzyby o szerokim spektrum żywicieli, które reagują na wiele nieswoistych źródeł węgla i azotu. Wydaje się, że grzyby Entomopatogeniczne o ograniczonym zakresie żywicieli mają bardziej szczegółowe wymogi dotyczące kiełkowania (Hong Wan, 2003).

Sześć najczęściej występujących grzybów na nasionach soi uprawiano na podłożu PDA zmienionym pięcioma fungicydami systemowymi do oceny ich wpływu na wzrost. Wzrost grzybów *Alternaria, Cladosporium, Cladosporoides, Macrophomina, Phasedina, Dreehslera, Ppecifera, Fusarium, Oxysporum* i *Rhizoctonia solani* został istotnie ograniczony na pożywce PDA zmienionej 0,1% kantonem, Vitavaxem, dithaneM-45, tiuramem i benomylem grzybów (Nasreen Nasir, 2003).

Mohammed (2005) przeprowadził badania *in vitro* dotyczące wpływu temperatury, poziomu pH, pożywek, źródeł węgla i azotu na grzybnię, wzrost *Sclerotium rolfsii* sacc. Wzrost *S. rolfsii* był najwyższy w 25oC po 7 dniach inokulacji, który był istotnie obniżony poniżej 20oC i powyżej 35oC. Wszystkie badane poziomy pH (5-8) uznano za równie odpowiednie dla wzrostu grzybów. Grzyb ten rośnie w mniejszym stopniu niż podłoże agarowe z mączki kukurydzianej wśród wypróbowanych podłoży hodowlanych. Wszystkie źródła węgla okazały się najlepsze, a pepton był jednym ze źródeł azotu. Zbadano wpływ długofalowego, ciemnego okresu ultrafioletowego (UV) na wzrost grzybni 46 izolatów *Monilinia* sp. zebranych w Hiszpanii i 16 izolatów zebranych z innych części świata. Typowe izolaty *M. laxa, M. fructicola uprawiano w* ciemności i identyfikowano na podstawie cech morfologicznych. Długofalowe warunki UV/ciemności zmniejszają tempo wzrostu *M. laxa, M. fructigena* i *M.fructicola* na agarze dekstrozy ziemniaczanej. Wszystkie izolaty *M. fructigena* rosły wolniej niż izolaty *M. fructicola.* Typowe i nietypowe izolaty M. *fructigena* i *M. fructicola* umieszczono w ich odpowiednich sp. na podstawie danych o długofalowym UV /ciemnym tempie wzrostu. Niewielka odległość od konidium do pierwszej gałązki zarodkowej łatwo wyróżniała izolaty *M. laxa.* Różnice we wzroście grzybni pod wpływem długiej fali UV mogą być przydatnym narzędziem do identyfikacji gatunków *Monilinia* (De cal i Melgarejo, 1999).

Nie stwierdzono wpływu zabiegów UV na bezwzględną ilość spożywanych liści ani na preferencje żywieniowe szarańczy w przypadku liści z endofitem lub bez endofitu u trzech gatunków: *F. rubra, F. arundinacea* i *L. perenne.* W przypadku *F. pratensis nie stwierdzono* wpływu zabiegów UV na masę spożywanych liści, lecz znaczące oddziaływanie UVx na endofity, spowodowane wyraźną zmianą preferencji żywieniowych liści z endofitami i bez endofitów, które różniły się pomiędzy zabiegiem UV-B i ekspozycją na promieniowanie UV-A. Związki alkaloidowe zwane lolinami analizowano w liściach *F. pratensis* i stwierdzono je tylko u roślin uprawianych z endofitem. Nie stwierdzono jednak istotnej zależności pomiędzy całkowitą zawartością loliny a preferencjami żywieniowymi owadów. Efekty te ilustrują potencjalną złożoność interakcji gatunkowych przy wzrastającym poziomie UV-B (McLeod *i in.*, 2001).

Brzoskwinie jędrne - łamane (*Prunes persia* cv. Paraguay), poddane działaniu 0,25 g/lit prodionu, zaszczepiono 106 rozpiętości na ml *Alternaria tenuis* i przechowywano do 3 tygodni w 0,5 ^{OC}. Są to cykle okresowego ogrzewania (IW) 1-dniowego w 20 ^{OC} co 6 dni w 0,5 ^{OC} i zastosowano zmodyfikowane opakowania atomowe (MAP). Leczenie grzybobójcze było nieskuteczne w kontrolowaniu wzrostu *A. tenuis* i *Cladosporium spp*. Podczas przechowywania MAP zapobiegał rozwojowi obu rodzajów grzybów. Przerywane ogrzewanie samo lub w połączeniu z fungicydami zdawało się zwiększać całkowitą liczbę CFU i nie kontrolowało rozkładu (głównie z powodu nasilenia rozwoju *Cladosporium* spp.). Liczba CFU i straty spowodowane atakiem grzybów były tylko sporadycznie istotnie skorelowane (Fernandez *i in.,* 1997). Richard (2000) wykazał przewagę *Metarhizium* jako środka mykoinsektycydowego, który stosunkowo łatwo można produkować masowo i przechowywać przez ponad rok w chłodnych warunkach. Edson *i wsp.* , (2001) badali toksyczny wpływ trzech biofertilizatorów, E.M.-4 Multibion i supermargo stosowanych w rolnictwie ekologicznym oraz oleju neemowego (*Azadirachta indica*) na grzyby entomopatogenne *Metarhizium anisopliae* i *Beauveria bassiana.* Produkty te zostały zmieszane w podłożu, na którym zaszczepiono oba grzyby i oceniono ich kiełkowanie, wzrost wegetatywny i konidiogenezę. Biofertilizatory supermargo i E.M-.4 okazały się mniej toksyczne dla grzybów, gdzie jako multibion powodowały znaczne zahamowanie rozwoju *Metarhizium anisopliae*, z obniżeniem zdolności kiełkowania (-37,74%), średnicy kolonii (-30,26) i konidiogenezy (-42,62%). Olejek neemowy wywierał większy negatywny wpływ na *B. bassiana*, hamując kiełkowanie. *B. bassiana* i inne entomopatogenne izolaty grzybów zostały przebadane pod kątem tolerancji na chemiczne środki owadobójcze, grzybobójcze, chwastobójcze i kilka agrochemikaliów (Ramarajah Urs *i in.,* 1967; Olmert i Kenneth, 1974; Clark *i in.,* 1982; Loria *i in,* 1983; Gardner i Storey, 1985; Storey i Gardner, 1986; Mc Coy *i in.*, 1988; Anderson *i in.*, 1989; Sun *i in.*, 1993; Bleicher i *in.*, 1994; Malo i Pardy, 1997; Bajan *i in.*, 1998; Todorova i *in.*, 1998; Jaros *i in.*, 1999; Goettel *i in.*, 2000). Fungicydy hamowały kiełkowanie i wzrost grzybów entomopatogennych (Olmert i Kenneth, 1974; Roberts i Campbell 1977, Tedders 1981, Clark *i in.* 1982, Loria *i in.* 1983, Aguda *i in.*, 1988; Todorova *i in.*, 1998; Jaros *i in.*, 1999). Istnieje kilka raportów wskazujących na hamujący wpływ środków owadobójczych na *B. bassiana* (Olmert i Kenneth, 1974; Clark *i in.*, 1982; Anderson i Roberts, 1983; Aguda *i in.*, 1984; Lecuona *i in.*, 2001). Synergistic effects have been reported with the combined use of *Beauveria* spp. and sublethal doses of pesticides (Ferron, 1978; Anderson and Roberts, 1983; Anderson *et al.*, 1989). Formuły *B. bassiana* były stosowane wraz z pestycydami chemicznymi w historycznie opisanym, udanym postępowaniu z chrząszczem ziemniaczanym Colarado w dawnym ZSRR (Fargues *i in.* , 1992; Lappa, 1978; Kaaya *i in.*, 1996). Sztuczne osłabienie populacji owadów osiągnięto dzięki zastosowaniu niskich dawek środka owadobójczego. Owad mniej odporny na chemikalia umierał z powodu infekcji chemicznej, natomiast owad bardziej odporny ulegał infekcji *B. bassiana* (Ferron, 1978). Kombinacje handlowe *B. bassiana* (mikotrol) i chemicznych środków owadobójczych dały dobrą kontrolę nad szkodnikami bawełny *Lygus lineolaris* (Lin *i in.*, 1997).

Hissy EI i Abdel- kader (1980) badali wpływ trzech dawek (najniższa to dawka zalecana na polu) pięciu pestycydów, mianowicie cerezyny, ortokwasy (fungicydy) VCS-438 (herbicydy) oraz Dursban i Dipterex (insektycydy) na suchą masę grzybni *Aspergillus fumigatus, Fusarium moniforme, Penicillium italicum* i *Sclerotium ceprivorum* w 2,4,6,8 i 10 dni po zabiegu. Wszystkie pestycydy powodowały zahamowanie wzrostu grzybni testowych. Tylko VCS-438 w niskich dawkach stymulował do F.moniliforme po 4 i 6 dniach oraz do P. italicum po 4 dniach. Na tempo zahamowania wzrostu zależało od rodzaju grzyba, wieku grzybni i dawki pestycydu. Pod koniec doświadczenia dwa fungicydy zostały poddane detoksykacji przez grzyby testowe w tempie wyższym niż pozostałe pestycydy.

Chociaż nie można ignorować potencjalnego hamującego wpływu pestycydów na biopestycydy i istnieje wiele przykładów, w których stosowanie pestycydów chemicznych zwiększyło skuteczność entomopatogenów przeciwko insektom. Subśmiercionośne dawki pestycydów chemicznych mogą działać jako stresory fizjologiczne lub modyfikatory zachowań i tam predysponują owady do chorób (Inglis *i in.*, 2001). Więcej niż mieszanki biopestycydów i pestycydów chemicznych może również znacznie zmniejszyć ilość potrzebnego pestycydu i zminimalizować stopień skażenia pestycydami miejsc i organizmów innych niż docelowe oraz opóźnić ekspresję odporności insektycydów u owadów docelowych (Kaaya *i in.*, 1996). Korzystne działanie chemicznego środka owadobójczego może również potencjalnie rozszerzyć zasięg żywiciela grzybów entomopatogenicznych (Inglis *i in.*, 2001). Entomopatogeniczny grzyb *Paecilomyces fumarosreus* przy stosowaniu wraz z azadyrachtyną był skuteczny przeciwko mszycom, które nie znajdują się w zasięgu jego żywiciela (Lindquist, 1993).

Postrzeganie przez konsumentów na całym świecie stosowania chemikaliów w produkcji rolnej musi zostać znacznie ograniczone. Dlatego też wielu naukowców przyjmuje obecnie mechaniczne podejście do badań nad połączonym działaniem środków kontroli drobnoustrojów i pestycydów chemicznych. Lacey i Goettel (1995) zaobserwowali, że obecnie IPM jest błędnie interpretowany jako zastępowanie pestycydów chemicznych środkami biokontroli. Ostrzegli oni, że jeżeli środki zwalczania drobnoustrojów zostaną opracowane jako substytut pestycydów chemicznych, środki te spotkają się z takim samym losem jak pestycydy chemiczne, szczególnie w odniesieniu do odporności. Dlatego Goettel (1992) zaleca, aby szybko utrzymać zintegrowane "I" z powrotem w IPM.

Hamujący wpływ agrochemikaliów na kiełkowanie i wzrost grzybów entomopatogenicznych często różni się w zależności od gatunku i szczepu (Olmert i Kenneth, 1974; Anderson i Roberts, 1983; Vanninen i Hokkanen, 1988). EI-Hissy i Abdel- kader (1980) badali wpływ trzech różnych dawek (najniższa to dawka zalecana na polu) pięciu pestycydów, a mianowicie cerezyny, ortokwasy (Fungicyd) VCS-438 (Herbicide) oraz Dursban i Dipterex (Insecticides) na suchą masę grzybni *Aspergillus fumigatus, Fusarium moniforme, Penicillium italicum* i *Sclerotium ceprivorum* w 2,4,6,8 i 10 dni po zabiegu. Wszystkie pestycydy powodowały zahamowanie wzrostu grzybni testowych. Tylko VCS-438 w niskich dawkach stymulował do *F. moniliforme* po 4 i 6 dniach oraz do *P. italicum* po 4 dniach. Rodzaj grzyba wpływał na tempo zahamowania wzrostu, wiek grzybni i dawkę pestycydu. Pod koniec doświadczenia dwa fungicydy zostały poddane detoksykacji przez badane grzyby z szybkością większą niż pozostałe pestycydy.

Ziemia diatomaceous jest środkiem owadobójczym wysuszającym w niskiej wilgotności. Działa na naskórek owada poprzez absorpcję lipidów i być może poprzez otarcia kutrowe. W wysokiej wilgotności przeważa *Beauveria bassiana*

(Balsamo) Vuillemin, grzyb entomopatogenny, który ma złożoną interakcję z lipidami naskórkowymi. Interakcja między tymi materiałami może zwiększyć skuteczność zwalczania owadów. Badania z chrząszczami zbożowymi prowadzono z *B. bassiana* w dawkach 11, 33, 100 i 300 mg konidiów na kilogram ziarna z pojedynczymi dawkami DE i bez nich, które zabiły 10% lub mniej docelowych chrząszczy. Badania wykazały synergizm w oddziaływaniu na dorosłe *Rhyzopertha dominica* (F.) i *Oryzaephilus surinamensis* (L.) we wszystkich dawkach. Występował statystycznie istotny synergizm dla dorosłego *Cryptolestes ferrugineus* (Stephens) i larwalnego *R. dominica*, ale tylko w jednej dawce *B. bassiana* dla każdego celu. Amorficzny dwutlenek krzemu, sorpcyjny pył sorpcyjny i diamentowy pył ścierny, wykazywały synergistyczne oddziaływanie z B. *bassiana* na dorosłego *R. dominica.* Wyniki te mogą stanowić podstawę dla najmniej toksycznego podejścia do zwalczania chrząszczy przechowywanych w produktach ubocznych oraz dla poprawy formulacji grzybów entomopatogennych (Jeffery C. Lord, 2001).

Chityna jest drugim, po celulozie i chitynazach, najbardziej zasobnym źródłem organicznym i odnawialnym w przyrodzie, po enzymach obniżających poziom chityny. Chitynazy pełnią ważną funkcję biofizjologiczną i mają ogromne możliwości zastosowania. W ostatnich latach nastąpił szybki postęp w badaniach nad chitynazami grzybiczymi, szczególnie na poziomie molekularnym (Li Duo-Chuan, 2006). Filtry hodowlane grzybów nicieniowych *Verticillium chlamydosporium* i *V. suchlasporium* rosnących na chicie koloidalnej wykazywały zwiększoną aktywność chitynolityczną i produkcję dwóch (32 i 43 kDa) głównych białek wykazujących szczytową aktywność (50-60%), które zawierały tylko 43 kDa białka dla obu grzybów. Zymografia i koloidalna degradacja chityny wykazała, że była to pojedyncza endochitynaza (CHI43) o optymalnym zakresie pH 5,2- 5,7. Maksymalną aktywność stwierdzono 18-20 dni po inokulacji, ale *V. suchlasporium* zawsze wykazywało wyższą aktywność. (Tichonow *i in.* , 2002).

Grzyby Entomopatogenne mogą wytwarzać szereg chitynaz, z których niektóre działają synergistycznie z proteazami degradującymi naskórek owada. Jednak udział chitynaz w patogenezie grzybów owadzich nie został w pełni scharakteryzowany. W ich badaniach endochitynaza Bbchit1 została oczyszczona do homogeniczności z płynnych kultur *Beauveria bassiana* uprawianych na podłożu zawierającym koloidalną chitynę. Bbchit1 miał masę cząsteczkową około 33 kDa i pI 5,4. Na podstawie N-końcowej sekwencji aminokwasów sklonowano gen chitynazy, *Bbchit1*, oraz jego sekwencję regulacyjną. *Bbchit1* był bezintonowy, a u *B. bassiana istniała* pojedyncza kopia. (Weiguo Fang *i in.* , 2005).

Dwie chityny (Bbchit1 i Bbchit2) były wcześniej scharakteryzowane w *B. bassiana*, z których żadna nie posiada domen wiążących chitynę. Yanhua Fan *i in.*, 2007 przedstawili budowę i charakterystykę kilku hybrydowych chitynaz *B. bassiana,* gdzie chitynaza Bbchit1 została połączona z domenami wiążącymi chitynę pochodzącymi ze źródeł roślinnych, bakteryjnych lub owadowych. Ten hybrydowy gen chitynazy (Bbchit1-BmChBD) został następnie umieszczony pod kontrolą konstytutywnego promotora grzybów (*gpd-Bbchit1-BmChBD*) i przekształcony w *B. bassiana.* Badania biologiczne owadów wykazały 23% skrócenie czasu do śmierci w transformancie w porównaniu z grzybem typu dzikiego. Transformatant ten wykazywał również większą zjadliwość niż inny konstrukt (*gpd-Bbchit1*) z tym samym konstytutywnym promotorem, ale bez domeny wiążącej chitynę.

Hegedus i Khachatourians (1996) analizowali produkty PCR przy użyciu enzymów restrykcyjnych, sekwencjonowania lub SSCP w celu umożliwienia pozytywnego różnicowania poszczególnych izolatów *B. bassiana* od innych, aby wspomóc dużą czułość tych technik oraz uwalnianie i monitorowanie grzybów entomopatogenicznych w środowisku.

Badania terenowe i szklarniowe przeprowadzone przez Lewis *et al.* , (2001) wykazały, że *B. bassiana łatwo tworzy endofityczną relację z* transgeniczną i nietransgeniczną kukurydzą i nie powoduje żadnych objawów patologicznych roślin poprzez badanie proliferacji *Bacillus thuringiensis* (Bt) (Berliner)-transgenicznej kukurydzy (*Zea mays* L.) w celu utworzenia endofitycznej relacji z *Beauveria bassiana* i oceny kukurydzy pod kątem możliwych patologicznych skutków roślin związanych z tą relacją. *Beauveria bassiana* (Balsamo) Vuillemin zastosowano w formie granulatu do dwóch oddzielnych linii kukurydzy, wyrażających zdarzenia *Bt* MON802 i MON810, oraz odpowiadające im izoliny. Nie stwierdzono istotnych różnic w poziomie endofityzmu między zdarzeniami transgenicznymi i ich zbliżonymi do izolinami.

Wan Hong (2004) w swojej pracy doktorskiej skoncentrował się na odmianie *B. bassiana*, ARSEF 252, która jest wysoce patogenna dla chrząszcza ziemniaczanego z gatunku Colorado, *Leptinotarsa decemlineata*. Zarówno ze względu na silne dowody potwierdzające rolę proteaz niszczących skórkę (PR1 i PR2), jak i fosfolipazy B (PLB) w patogenach grzybiczych oraz ich korelacje z wirulencją zaobserwowaną u *M. anisopliae* lub *C. albicans*, geny te zostały sklonowane z *B. bassiana* 252. U *B. bassiana* 252 wykryto dwa geny kodujące PLB (tożsamość plb1 i plb2, 57%) oraz geny kodujące PR2 (tożsamość try1 i try2, 22,4%). Przewidywany peptyd TRY1 jest homologiczny do proteaz trypsyny z grzybów, podczas gdy domniemany peptyd TRY2 jest homologiczny do tego z owadów. Strukturalne podobieństwo proteazy TRY2 do enzymów owadów może pozwolić komórkom grzybów na uniknięcie rozpoznania "nie-ja" gospodarza, a tym samym może stanowić jeden ważny wyznacznik wirulencji.

Genom mitochondrialny (mt) 28,5-kbp z entomopatogenicznego grzyba *Beauveria bassiana* badano za pomocą analizy enzymów restrykcyjnych, hybrydyzacji sond genowych oraz porównań sekwencji DNA. Szczegółowa mapa enzymów restrykcyjnych umożliwiła klonowanie całego genomu na kilka segmentów. Hybrydyzacja sond genów heterologicznych do mtDNA zaowocowała identyfikacją genów dużego rybosomalnego RNA (lrRNA) i małego rybosomalnego RNA (srRNA). Fragmenty sekwencjonowanych genów były homologiczne do odpowiadających im genów drożdży i innych grzybów włóknistych, przede wszystkim *Aspergillus nidulans*. W tych regionach nie zidentyfikowano żadnych intronów. Organizacja sekwencjonowanego regionu genomu *B. bassiana* mt była bardziej zbliżona do organizacji *A. nidulans* niż *Podospora anserina* czy *Neurospora crassa* (Pfeifer *i in.*, 1993).

Dwie chitynazy (P-1 i P-2) indukowane koloidalną chityną zostały oczyszczone z supernatantu hodowli *Isaria japonica metodą* chromatografii na DEAE Bio-Gel, chromatofocusingu i filtracji żelowej z Superdexem 75 pg. Enzymy były jednorodne elektroforetycznie i oceniono ich masę cząsteczkową na 43,273 (±5) dla P-1 i 31,134 (±6) dla P-2 metodą MALDI-MS. Optymalne pH i temperatura wynosiły 3,5-4,0 i 50°C dla P-1 oraz 4,0-4,5 i 40°C dla P-2. P-1 działał przeciwko chitozanowi 7B (stopień odacetylacji, 65-74%) = chityna glikolowa > chityna koloidalna = chitozan 10B (stopień odacetylacji, powyżej 99%) oraz P-2 przeciwko chitozanowi 7B > chityna glikolowa = chitozan 10B > chityna koloidalna w kolejności aktywności. Produkty hydrolizy chityny i heksamera chitozanowego analizowano metodą MALDI-MS. Produkty z heksamera chitynowego otrzymane za pomocą P-1 stanowiły prawie wszystkie dimery z niewielką ilością trimeru, natomiast te otrzymane za pomocą P-2 były głównie dimerami z pewną ilością tetrameru. Nie zaobserwowano hydrolizy heksamerów chitozanu. Wysoką homologię w sekwencji amino-terminalnej dla chitynazy P-1 wykazywały chitynazy z *Trichoderma harzianum*, *Candida albicans* i *Saccharomyces cerevisiae* w zakresie 48-39%. Najwyższą homologię dla chitynazy P-2 wykazała endochitynaza z *Metarhizium anisopliae w* 66%, a 44% chitynaz z roślin Leguminosae (Ichiro Kawachi *i in.* , 2001).

Gen chitynazy (1047 bp) został amplifikowany z genomowego DNA *Beauveria bassiana* BCC3653 techniką PCR przy użyciu zaprojektowanych starterów do generowania 5'-EcoRI i 3'-HindIII końcówek. Ponieważ gen ten nie zawiera intronu, produkt PCR został sklonowany do wektora ekspresji, pSE420 tworząc plazmid rekombinowany, pDSM1. Ten rekombinowany plazmid został następnie przekształcony w komórki *Escherichia coli* TOP10. Po potwierdzeniu sekwencji DNA sklonowanych PCR, ekspresja genów została wywołana przez IPTG. Aktywność chitynazy badano następnie w żelu uzupełnionym o chitynę glikolową. Tylko w *E. coli* przenoszącej pDSM1 wykryto dwa pasma aktywności chitynolitycznej sugerujące ekspresję sklonowanego genu chitynazy (Khemika Songjang *i in.* , 2006).

Grzyby Entomopatogenne mogą wytwarzać szereg chitynaz, z których niektóre działają synergistycznie z proteazami degradującymi naskórek owada. Jednak udział chitynaz w patogenezie grzybów owadzich nie został w pełni scharakteryzowany. W niniejszej pracy endochitynaza Bbchit1 została oczyszczona do homogeniczności z płynnych kultur *Beauveria bassiana* uprawianych na podłożu zawierającym koloidalną chitynę. Bbchit1 miał masę cząsteczkową około 33 kDa i pI 5,4. Na podstawie N-końcowej sekwencji aminokwasów sklonowano gen chitynazy, *Bbchit1*, oraz jego sekwencję regulacyjną. A *Bbchit1* był bezintonowy, a w *B. bassiana była jedna* kopia. Jego sekwencja regulacyjna zawierała domniemane domeny wiążące kataboliczny represor węgla CreA/Crel, co było zgodne z tłumieniem glukozy *Bbchita1*. Na poziomie aminokwasów Bbchit1 wykazywał istotne podobieństwo do rzekomej endochitynazy *Streptomyces avermitilis*, rzekomej chitynazy cel*ikolorycznej Streptomyces* i endochitynazy *Trichoderma harzianum* Chit36Y. *Bbchit1* miał jednak bardzo niski poziom identyczności z innymi genami chitynazy wyizolowanymi wcześniej z grzybów entomopatogennych, co wskazuje, że *Bbchit1* był nowym genem chitynazy pochodzącym od owadów patogennych. Konstrukcja *gpd-Bbchit1,* w której *Bbchit1* był napędzany przez konstytutywny promotor *Aspergiullus nidulans*, została przekształcona w genom *B. bassiana* i otrzymano trzy transformatory, które nadprodukowały Bbchit1. Badania biologiczne na owadach wykazały, że nadprodukcja Bbchit1 zwiększała zjadliwość B. *bassiana* u mszyc, na co wskazywały istotnie niższe o 50% stężenia śmiertelne i 50% czasy trwania transformacji w porównaniu z wartościami dla szczepu typu dzikiego (Weiguo Fang *i in.* , 2005).

Transformacja agrobacterium tumefaciens (agrotransformacja) została z powodzeniem zastosowana na grzybie entomogenicznym *Beauveria bassiana.* Conidia *B. bassiana* zostały przekształcone w oporność na higromycynę B z wykorzystaniem genu hph *Escherichia coli* jako cechy selektywnej, pod kontrolą heterologicznego promotora grzybów i terminatora *Aspergillus nidulans* trpC. Wydajność transformacji wynosiła odpowiednio do 28 i 96 transformantów na 104 i 105 konidiów docelowych, przy zastosowaniu trzech różnych wektorów. Wysoka stabilność mitotyczna transformatorów (80-100%) została wykazana po pięciu kolejnych transferach na podłożu nieselektywnym. Wszystkie zastosowane wektory hphr charakteryzowały się wysoką stabilnością mitotyczną (80-100%) po pięciu kolejnych transferach na podłożu nieselektywnym. Transformatory putatywne analizowano pod kątem obecności genu hph metodą PCR i analizy południowej. Ta ostatnia analiza ujawniła integrację dwóch lub więcej kopii genu hph w genomie. Stwierdzono, że metoda agrotransformacji jest skuteczna w izolowaniu odpornych na higromycynę *B. bassiana* transformatantów i może stanowić użyteczne narzędzie w badaniach nad mutagenezą insercyjną tego grzyba (Maria Cecı´lia dos Reisa *i in.*, 2004).

Maria de las Mercedes Dana *et al.* , (2006) użyła genów kodujących białka związane z obroną, aby zmienić odporność roślin na patogeny i inne wyzwania środowiskowe, ale żadna z nadekspresji genów grzybów nie wytworzyła odporności na naprężenia o szerokim spektrum w liniach transgenicznych. Wytworzyły one linie transgeniczne tytoniu (*Nicotiana tabacum*), które nadmiernie ekspresują endochitynazy CHIT33 i CHIT42 z grzybów mikopasożytniczych *Trichoderma harzianum* i oceniły ich tolerancję na stres biotyczny i abiotyczny. Zarówno CHIT33, jak i CHIT42, indywidualnie, nadawały szeroką odporność na patogeny grzybowe i bakteryjne, zasolenie i metale ciężkie. Tak szeroki zakres efektów ochronnych nie miał oczywistego szkodliwego wpływu na wzrost roślin tytoniu.

Przy szybko rosnącej puli znanych struktur trzeciorzędowych, znaczenie porównania struktur białkowych jest porównywalne z wyrównaniem sekwencji. Opracowaliśmy nowy algorytm (DALI) do optymalnego paralelowego wyrównania struktur białkowych. Trójwymiarowe współrzędne każdego z białek są wykorzystywane do obliczania macierzy odległości resztkowych (C alpha-C alpha). Macierze odległościowe są najpierw rozkładane na elementarne wzorce styku, np. matryce heksapeptydowo-heksapeptydowe. Następnie podobne wzorce styku w obu matrycach są sparowane i połączone w większe spójne zestawy par. Procedura Monte Carlo jest stosowana w celu optymalizacji wyniku podobieństwa zdefiniowanego w kategoriach równoważnych odległości wewnątrzcząsteczkowych. Równolegle optymalizuje się kilka wyrównań, co prowadzi do jednoczesnego wykrycia najlepszego, drugiego w kolejności najlepszego rozwiązania itd. Metoda ta pozwala na sekwencyjne przerwy o dowolnej długości, odwrócenie kierunku łańcucha i swobodne łączenie topologiczne wyrównanych segmentów. Łączność sekwencyjna może być narzucona jako opcja. Metoda jest w pełni automatyczna i identyfikuje podobieństwa strukturalne i wspólne rdzenie strukturalne dokładnie i czule, nawet w obecności zniekształceń geometrycznych. Wszechstronne wyrównanie ponad 200 reprezentatywnych struktur białkowych prowadzi do obiektywnej klasyfikacji znanych fałdów trójwymiarowych w zgodzie z klasyfikacjami wizualnymi. Wykryto nieoczekiwane podobieństwa topologiczne o znaczeniu biologicznym, np. między toksyną bakteryjną kolicyną A i globynami oraz między eukariotyczną domeną wiążącą DNA specyficzną dla POU a bakteryjnym repressorem lambda (Holm L i C Sander, 1993).

Coraz większym zainteresowaniem cieszy się modelowanie porównawcze białek, ponieważ jest ono bardzo pomocne podczas racjonalnego projektowania eksperymentów z mutagenezą. Dostępność tej metody i wynikających z niej modeli została jednak ograniczona przez dostępność drogiego sprzętu komputerowego i oprogramowania. Aby przezwyciężyć te ograniczenia, stworzyliśmy środowisko do modelowania porównawczego białek, na które składa się SWISS-MODEL, serwer do automatycznego modelowania porównawczego białek oraz SWISS-PdbViewer, sekwencyjny stół warsztatowy do tworzenia struktur. Swiss-PdbViewer nie tylko pełni rolę klienta dla SWISS-MODEL, ale również zapewnia duży wybór narzędzi do analizy struktury i wyświetlania. Ponadto udostępniamy repozytorium SWISS-MODEL, bazę danych zawierającą ponad 3500 automatycznie generowanych modeli białek. Udostępniając bezpłatnie takie narzędzia środowisku naukowemu, mamy nadzieję zwiększyć wykorzystanie struktur i modeli białek w procesie projektowania eksperymentów (Guex N i Peitsch M C,1997).

Materiały i metody

Identyfikacja i charakterystyka *Beauveria bassiana*

Identyfikacja

Do indywidualnej identyfikacji wykorzystano izolaty wyhodowane na skosie agaru dekstrynowego z ziemniaka (PDA) i przechowywane w lodówce. Hodowle uprawiano na pożywce z agarem dekstrozy ziemniaczanej w pożywkach petrydowych. Identyfikację oparto na dostępnej literaturze dotyczącej cech morfologicznych i kulturowych *Beauveria.* Mikroskopowe szkiełka mikroskopowe poszczególnych izolatów przygotowano przy użyciu różnych kultur starzejących się od 5 do 25 dni przy użyciu niebieskiej barwy laktofenolowo-bawełnianej i obserwowano je pod mikroskopem. Badano następujące cechy. Obejmują one średnicę grzybni, wzór rozgałęzień konidioforów, kształt i wielkość komórek konidiogennych oraz konidiów. Cechy kulturowe badano poprzez wzrost na podłożu PDA w 25 ±2OC do 25 dni. Obserwacje takie jak morfologia kolonii, wzór wzrostu, barwa kolonii, pigmentacja podłoża i tempo wzrostu obserwowano w tygodniowym odstępie do 25 dni inkubacji.

Charakterystyka *Beauveria bassiana*

Charakterystyka kulturowa

Wszystkie izolaty *Beauveria* zebrane z różnych źródeł były subkultywowane na podłożu PDA zarówno w pożywkach petridish, jak i slants dla porównania cech morfologicznych wraz z kulturami typu pobranymi z ITCC (Indian Type Culture Collection). Petrydysze zawierające pożywkę PDA inokulowano w środku aktywnie rosnącym krążkiem grzybniowym o średnicy 5 mm, otrzymanym z 10-dniowej hodowli każdego izolatu osobno i inkubowano w 25±2OC. Każdy izolat był replikowany czterokrotnie przy użyciu jednego petridiszu dla każdej repliki. Obserwacje morfologii kolonii: puszysta, uniesiona, gładka, szorstka i promienista itp. kolor kolonii: biały, kremowo-biały i jasnobrązowy itp. Grzybice powietrzne, obfite, średnie i skąpe, pigmentacja podłoża: zmianę barwy hodowli po sporulacji, tempo wzrostu i gęstość sporulacji zanotowano dwukrotnie w pierwszych 10 dniach po inkubacji i drugi raz w 25 dniach po inkubacji.

Struktury mikroskopijne

Pomiar średnicy grzybni, rozmiaru i kształtu stożka i komórki konidiogenicznej

Średnica grzybni, rozmiar konidiów i komórki konidiogennej dla każdego izolatu została zmierzona za pomocą mikrometru okulistycznego. Do przygotowania półstałych szkiełek mikroskopowych wykorzystano świeżą kulturę w różnym wieku, od 5 do 25 dni. Trzymając niewielką ilość grzybni na szkiełku i mieszając z kroplą Lacto fenolowo-bawełnianego błękitu i lekko podgrzaną na parze w celu utrwalenia barwnika, następnie przykryto szkiełkiem nakrywkowym i obserwowano pod mikroskopem złożonym z lornetki. Obserwacje dotyczące średnicy grzybni, kształtu, długości i rodu konidiów oraz komórki konidiogenicznej zostały zarejestrowane pod mikroskopem. Zmierzono wielkość 100 liczników średnicy grzybni, konidiów i komórki konidiogennej w każdym izolacie oddzielnie i opracowano ich średnie wartości.

Obfitość sporulacji

Gęstość sporulacyjna w każdym izolacie została zmierzona za pomocą hemocytometru. Pięć krążków grzybni (o wielkości 5 mm) otrzymanych z 20-dniowej hodowli wymyto w 5 ml FAA (formaldehyd: alkohol bezwodny: lodowaty kwas octowy: woda 2:10:1:7) zawartego w szklanych fiolkach z zamknięciem. Fiolki umieszczono na wstrząsarce na kilka minut. Do każdego izolatu użyto pięciu fiolek. Kropla zawiesiny zarodników zmieszana z kroplą niebiesko-fenolowej Lacto i lekko podgrzana na parze w celu utrwalenia barwnika, następnie przykryta szkiełkiem przykrywającym i obserwowana pod mikroskopem złożonym z lornetki.

Skaningowa mikroskopia elektronowa *B. bassiana*

Skaningowe badania mikroskopowe elektronowe przeprowadzono, pobierając 3-dniową grzybnię *B. bassiana* i utrwalając ją w 6% buforowanym glutaraldehydzie, a następnie po utrwaleniu w tetroksydzie osmowym, a następnie odwadniając w rosnącym stężeniu alkoholu etylowego. Próbki były montowane na miedzianych prętach z dwustronną taśmą klejącą, powlekane złotym polaronem, rozpylaczem AU/PD i skanowane w SEM (Jeol JSM 5600, Japonia) oraz fotografowane. Badania SEM zostały przeprowadzone w laboratoriach Ruska, Uniwersytet Weterynaryjny Sri Venkateswara, Rajendranagar, Hajerabad.

Badania nad różnymi naturalnie dostępnymi mediami w celu obserwacji wzrostu *Bauveria bassian* zdolnych do komercyjnego formułowania

Dekstroza ziemniaczana Rosół dekstrynowy

Ziemniaki (obrane) 200 g

Dekstroza 20 g

Woda destylowana 1000 ml

Łusk bulionu

Husk 10 g

Woda destylowana 1000 ml

Cukrowy rosół łuskowy

Husk 10 g

Cukier 10 g

Woda destylowana 1000 ml

Rosół gliniany

Glina 10 g

Woda destylowana 1000 ml

Gliniany bulion cukrowy

Glina 10 g

Cukier 10 g

Woda destylowana 1000 ml

Ryż w proszku Rosół

Proszek ryżowy 10 g

Woda destylowana 1000 ml

Proszek ryżowy Cukierniczny rosół

Proszek ryżowy 10 g

Cukier 10 g

Woda destylowana 1000 ml

Cukierniczny rosół

Cukier 10 g

Woda destylowana 1000 ml

Rosół z ciasta z orzeszkami ziemnymi

Mielone ciasto 10 g

Dekstroza 10 g

Woda destylowana 1000 ml

Woda kokosowa bulion

Woda kokosowa	100 ml
Cukier	10 g
Woda destylowana	1000 ml

Procedura

- Powyższe składniki zostały zważone i rozpuszczone w wodzie destylowanej w kolbie stożkowej.
- pH podłoża dostosowano do 5,5 przez dodanie kwasu lub zasady.
- Następnie kolbę stożkową zawierającą pożywkę poddano autoklawowaniu pod ciśnieniem 15 funtów przez 15 minut przy 121OC
- Antybiotyk (Streptomycyna) dodawano do pożywki po schłodzeniu i delikatnie mieszano.
- Następnie podłoże zostało zaszczepione pętlą kultury *Beauveria bassiana.*
- Następnie kolby były przechowywane w temperaturze pokojowej do obserwacji wzrostu.

Metody obserwacji wzrostu (metoda liczenia porów)

- Wzrost *Beauveria bassiana* na różnych podłożach obserwowano metodą liczenia zarodników przy użyciu hemocytometru.
- Ostrożnie pobrano 1 ml zawiesiny grzybów (*Beauveria bassiana*) i rozcieńczono ją 9 ml wody destylowanej.

- Zawiesina grzybów (*Beauveria bassiana*) została seryjnie rozcieńczona aż do

10-3.

- Odczyty hemocytometru zostały wykonane ostrożnie.
- Komora licząca została oczyszczona i pokryta szklanym ślizgiem.
- Szyba osłonowa została ostrożnie umieszczona nad siatką.
- Następnie za pomocą mikropipety pobrano 1 ml zawiesiny grzybów (*Beauveria bassiana*).
- Wyrzucić zawiesinę z trzonu mikropipety, napełnić komorę, trzymając pipetę pod kątem ^{450} i lekko dotykając końcówką do krawędzi szkła pokrywy.
- Pozostawić na 1-2 minuty, aby conidia osiadły na dnie.
- Liczba zarodników została policzona w 50 małych kwadratach, które składają się z 25 grup po 16 małych kwadratów, z których każda grupa ma kwadrat 0,2 mm.
- Liczba zarodników została policzona w 4 narożnych dużych kwadratach (I, II, III, IV) i w środkowym (V), aby mieć całkowitą liczbę zarodników.

Całkowita liczba zarodników w 5 kwadratach

Wzór: = -- X ^{104} zarodniki/cm

5

I + II + III + IV + V

= --------------------------X ^{104} zarodniki/cm

5

Obserwacja wzrostu *Beauveria bassiana* przy różnych poziomach pH

- Składniki wywaru dekstrynowego z ziemniaków zostały zważone i rozpuszczone w wodzie destylowanej.
- W każdej kolbie stożkowej rozprowadzono 100 ml pożywki.
- Wartość pH każdej z pożywek została ustawiona na 4, 5, 6, 7, 8 i 9.
- Następnie kolby stożkowe o różnym poziomie pH, jak wspomniano powyżej, były autoklawowane pod ciśnieniem 15 lb przez 15 minut w temperaturze 121OC.
- Kolby mogły ostygnąć.
- Każda kolba została zaszczepiona pętlą pełną kultury *Beauveria bassiana* aseptycznie.

Obserwacja wzrostu *Beauveria bassiana* przy różnych stężeniach soli

- 20 ml bulionu z dekstrozy ziemniaczanej zostało przygotowane w różnych probówkach 0,5%, 5%, 10%, 20%, 30% i 40% chlorku sodu zostało dodane do wszystkich probówek.
- Do probówek dodano 20% Agaru i przechowywano go w autoklawie w celu sterylizacji.
- Po sterylizacji pożywka dekstrozy ziemniaczanej została wlana do wysterylizowanych płyt Petriplat i pozwoliła na zestalenie się
- Płytki Petriplat zostały zaszczepione kulturą *Beauveria bassiana.*

- Płytki Petriplates inkubowano przez 3-5 dni i porównano wzrost *Beauveria bassiana.*

Zabójczy wpływ temperatury na *Beauveria bassiana* (czas śmierci termicznej)

- Wzięto dwie duże płytki Petriego, a dno każdej płytki Petriego podzielono na sześć sektorów za pomocą szklanego ołówka znakującego.
- Sektory tabliczek oznaczono przedziałami czasowymi 0, 3, 6, 9, 12,18, 21, 24, 27 i 30 minut.
- Pożywka PDA została wlana do dwóch płytek i pozwoliła na ich zestalenie.
- Sektor "0" płytki PDA został zaszpachlowany inokulum *Beauveria bassiana.*
- Jedna probówka z kulturą *Beauveria bassiana* została zawieszona w łaźni wodnej i ustawiona na określoną temperaturę, powiedzmy 60oC w łaźni wodnej na 3 minuty.
- Rura została wyjęta i schłodzona pod bieżącą kurkiem.
- Szczepienia wykonano w trzecim sektorze na płytce PDA.
- Kroki 5-7 zostały powtórzone w przedziałach czasowych 6, 9, 12, 18, 21, 24, 27 i 30.
- Zaszczepione płytki inkubowano w temperaturze pokojowej przez 2-3 dni w pozycji odwróconej (Aneja, 2003).

Zabójczy wpływ temperatury na *Beauveria bassiana* (Thermal Death Point)

- Wzięto dużą płytkę Petriego i podzielono jej dno na sześć sektorów za pomocą szklanego ołówka do znakowania.

- Każdy sektor został oznaczony inną temperaturą jako 0OC, 20 OC, 30OC 40OC, 50OC, 60OC, 70OC i 80OC.

- PDA został wlany do płyty i pozwolił na zestalenie.

- Sektor "0" płytki PDA został zaszczepiony inokulum *Beauveria bassiana* metodą smug.

- Jedna probówka z kulturą *Beauveria bassiana* została zawieszona w łaźni wodnej i ustawiona w określonej temperaturze, powiedzmy 20oC w łaźni wodnej na 3 minuty.

- Rura została wyjęta i schłodzona pod bieżącą kurkiem.

- Szczepy zostały wykonane na każdym sektorze płyty PDA.

- Etapy 5-7 zostały powtórzone w różnych temperaturach: 20OC, 30OC, 40OC, 50oC, 60oC, 70 oC i 80 oC.

- Zaszczepione płytki inkubowano w temperaturze pokojowej przez 2-3 dni w pozycji odwróconej (Aneja, 2003).

Zabójcze skutki promieniowania ultrafioletowego na *Beauveria bassiana:*

- Pożywka PDA była przygotowywana i autoklawowana w temperaturze 1210C i ciśnieniu 15 funtów przez 15 minut.

- 14 płytek zostało pobranych i wysterylizowanych w piecu na gorące powietrze w temperaturze 1600C przez 1 godzinę.

- Pożywka została wlana do tych wysterylizowanych płytek.

- Płytki zostały zaszczepione zawiesiną *Beauveria bassiana.*

- Wszystkie szczepione płytki (z wyjątkiem kontroli) zostały wystawione na działanie źródła światła ultrafioletowego zgodnie z harmonogramem czasowym (tj. 1 minuta, 2 minuty, 4 minuty, 6 minut, 8 minut i 10 minut) i warunkami (z pokrywą i bez pokrywy) poprzez umieszczenie ich w odległości 30 cm od źródła promieniowania UV.

- Osłony zostały wymienione na płyty.
- Wszystkie płytki (odkryte i nienaświetlone) inkubowano w temperaturze pokojowej przez 2-5 dni w pozycji odwróconej (Aneja, 2003).

Zgodność *Beauveria bassiana* z niektórymi agrochemikaliami

Środki grzybobójcze, owadobójcze i nawozowe

Środki grzybobójcze

1. Nazwa chemiczna: Karbendazym (MBC) (karbaminian metylo-2-benzimidazolu)

Nazwa handlowa: Bavistin

Choroby kontrolowane

Karbendazym jest fungicydem systemowym kontrolującym szereg patogenów grzybiczych upraw polowych, owoców, roślin ozdobnych i warzyw. Stosuje się go w opryskach, do zanurzania sadzonek, do zaprawiania nasion; do zalewania gleby po zbiorze owoców. Jest bardzo skuteczny w walce z chorobami więdnięcia, zwłaszcza z więdnięciem bananów. Skutecznie kontroluje plamistość liści sigatoka bananowca, plamistość liści kurkumy i rdzy w wielu uprawach.

2. Nazwa chemiczna: Mancozeb (Maneb + jon cynku)

Nazwa handlowa: Dithane M-45

Choroby kontrolowane

Jest to ochronny środek grzybobójczy stosowany do zwalczania wielu chorób grzybiczych upraw polowych, owoców i orzechów, roślin ozdobnych i warzyw, zwłaszcza zarazy pomidorowej, puszystej pleśni winogron, antraknozy warzyw i rdzy roślin strączkowych.

3. Nazwa chemiczna: Tridemorph (2-6-dimetylowa, 4-cyklotridecylowa morfolina)

Nazwa handlowa: Calixin.

Choroby kontrolowane

Jest to likwidujący środek grzybobójczy o działaniu systemowym, wchłaniany przez liście i korzenie w celu uzyskania pewnego działania ochronnego. Kontroluje choroby mączniaków zbożowych, warzyw i roślin ozdobnych. Jest bardzo skuteczny w walce z *mykosferą, muzykalią, egzobasydem, weksanami* i rdzawymi chorobami zbóż, roślin strączkowych i kawy. Polecany jest do zwalczania zarazy Blister herbaty i mączniaka pszenicy, grochu, dyniowatych, mango, jagód i cytrusów.

Środki owadobójcze

1. Lambda cyhalotryna.

Nazwa handlowa: Karate, Kungfu.

Szkodniki kontrolowane: Szkodniki z lepidopteronu i coleopteronu.

2. Quinalphos

Nazwa handlowa: Ekalux

Szkodniki kontrolowane: Szkodniki z rzędu Lepidopteron i Coleopteron

3. Monokrotofos

Nazwa handlowa: Nuvacron

Szkodniki kontrolowane: Szkodniki z rzędu Lepidopteron i Coleopteron

Nawozy

1. Nazwa chemiczna: Mocznik

- Niedobór azotu występuje w krytycznych fazach wzrostu, takich jak krzewienie się i inicjowanie wiechy, gdy zapotrzebowanie na azot jest duże.

- W niektórych zmechanizowanych obszarach upraw stosuje się nawozy płynne, takie jak mocznik, amon, roztwór saletrzany (RSM, 2896 N).

2. Nazwa chemiczna: Muriate z potasu

Objawy niedoboru

- Najpierw jako żółknięcie marginesu liścia. Później może to wyglądać na brązowe i spalone.

- Nadmiar potasu jest również szkodliwy dla roślin, ponieważ może powodować nadmierne wchłanianie wody przez roślinę, co zmniejsza jej odporność na mróz.

3. Nazwa chemiczna: Superfosforan

Objawy niedoboru

- Wpływa na produkcję chlorofilu, syntezę białek oraz funkcje i strukturę roślin.

- Opóźniony rozwój i dojrzałość zakładu.

Medium agarowe

Podłoże z agaru dekstrozy ziemniaczanej (PDA) przygotowano w kolbach i poddano sterylizacji. Stężenie środka chemicznego przygotowano przez zmieszanie z podłożem z ciągłym mieszaniem. Następnie pożywkę wlewano do sterylizowanej płytki Petriego i pozostawiano do zestalenia. Za pomocą sterylizowanego otworu korkowego przecięto tarczę o średnicy 7 mm grzyba wyhodowanego na stałym podłożu i umieszczono aseptycznie na środku płytki Petriego zawierającej pożywkę oraz inkubowano płytki w temperaturze pokojowej przez 7 dni. Płytki hodowlane wyhodowane w tych samych warunkach na PDA bez użycia testowego środka grzybobójczego służyły jako kontrola. Po inkubacji mierzono średnicę kolonii grzybów.

Nośnik bulionowy

Przygotowano i poddano sterylizacji pożywkę bulionową Dekstroza ziemniaczana bez agaru. Stężenie roztworu chemicznego przygotowano tak jak wcześniej. Krążek o średnicy 7 mm wzrostu grzybów na stałym podłożu usunięto za pomocą sterylnego korkociągu i przeniesiono na podłoże. Mata grzybniowa została usunięta przez filtrację i oznaczono suchą masę. Tarcze grzybów rosnących na pożywce bez roztworu środka grzybobójczego służyły do kontroli.

Stężenie fungicydów, środków owadobójczych i nawozów sztucznych

Środki **grzybobójcze Stężenie**

Karbendazym2 g/l

Tridemorph2 ml/l

Mancozeb2 g/l

Środki owadobójcze

Monokrotofos1 ,5 ml/l

Lambda cyhalotryna2 ml/l

Quinalphos2 ml/l

Nawozy

Mocznik10 g/l

Murate of Potash20 g/l

Superfosforan20 g/l

Procentowe zahamowanie rozwoju sportu obliczono według standardowego wzoru podanego przez Vincenta (1947):

Procentowe zahamowanie (I) = C-T x 100

C

Gdzie I = procent inhibicji

C = radialny wzrost *Beauveria bassiana* w kontroli

T = radialny wzrost *Beauveria bassiana* w leczeniu

Formułowanie talku

Protokół dotyczący formułowania talku w *Beauveria bassiana*

Preparaty talku z rodzimej *Beauveria bassiana*, zostały opracowane w warunkach laboratoryjnych poprzez rozmnażanie bioagentu na bulionie z dekstrozy ziemniaczanej i inkubację w temperaturze pokojowej przez 7 dni. Hodowle przeniesiono do talku w proszku [materiał nośny] w stosunku 1:2 wraz z 1% karboksymetylocelulozą. Do badań eksperymentalnych w terenie wykorzystano preparat talku odmiany *Beauveria bassiana.* Żywotność tych kultur badano regularnie, stosując liczenie zarodników.

Arkusz przepływowy dla preparatów komercyjnych

Rozmnażanie *Beauveria bassiana* na bulionie ziemniaczanym Dextrose Broth

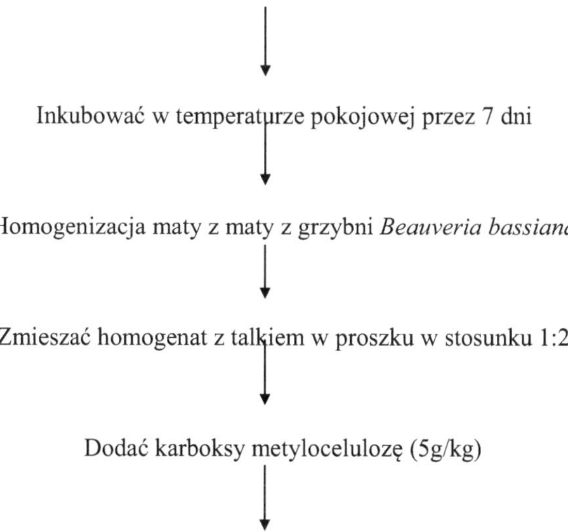

Talcowe preparaty *Beauveria bassiana*

Badanie skuteczności działania *Beauveria bassiana* przeciwko szkodnikom palmy olejowej

Zbieranie i hodowla gąsienic

Gąsienice wszystkich instariów były zbierane ręcznie z pól palmy olejowej wraz ze złożonymi liśćmi w miesiącach styczeń - czerwiec w latach 2004-2007. Zebrane gąsienice wraz z liśćmi umieszczono w plastikowych słoikach i przykryto płótnem muślinowym w celu odpowiedniego napowietrzenia. Gąsienice były karmione liśćmi zebranymi z pola, a pasza była wymieniana codziennie. Słoje umieszczano w temperaturze 25 ±2oC i 85% RH i obserwowano codziennie.

Metoda bezpośredniego kontaktu

Partia 10 gąsienic została dopuszczona do czołgania się na 20-dniowych, gęsto wysportowanych kulturach grzybów w petridisach przez 30 sekund (Muralimohan, 2003). Dziesięć poddanych obróbce gąsienic umieszczono w plastikowym słoiku, w którym znajdowały się świeże liście palmy olejowej. Słoje pokryto płótnem muślinowym dla właściwego napowietrzania. Partię 5 gąsienic pozostawiono do czołgania się przez 30 sekund na ogrzanej, zabitej konidialnej masie w naczyniu Petriego, które służyło jako kontrola. Plastikowe słoiki były obserwowane codziennie, a śmiertelność gąsienic była rejestrowana do momentu, gdy gąsienica umarła. Każdy zabieg był replikowany cztery razy.

Rozpylać wodną zawiesinę stożkową

Zawiesinę stożkową dwóch stężeń (1x109 i 1x107 konidiów/ml) przygotowano przez zebranie masy stożkowej z 20-dniowych, gęsto wysportowanych kultur, które uprawiano na podłożu PDA, przez staranne skrobanie na powierzchni płytki Petriego sterylnym ostrzem chirurgicznym. Każdą gąsienicę leczono 200 µl zawiesiny stożkowej. Partię 5 leczonych gąsienic umieszczono w słoiku, w którym znajdowały się świeże liście palmy olejowej. Słoje pokryto muślinem w celu właściwego napowietrzenia. Larwy poddane działaniu 200 µl wody destylowanej o zawartości 0,01% Tween-80 służyły do kontroli. Dwa stężenia zawiesiny konidialnej użyto osobno i każde doświadczenie powtórzono cztery razy. Słoiki były obserwowane codziennie, a śmiertelność notowano do 10 dni. Martwe gąsienice badano pod kątem silnego zakażenia, utrzymując larwy na zwilżonej bibule filtracyjnej w petridisach w celu wspomagania wzrostu grzybów i sporulacji na skórze martwych gąsienic (Steinhaus, 1956). Larwy, które poczęły się w leczonych partiach, były również trzymane na nawilżonej bibule filtracyjnej w celu obserwacji występowania infekcji grzybiczych. Dorosłe pojawienie się larw obserwowano zarówno podczas leczenia, jak i kontroli. Zarejestrowano liczbę leczonych gąsienic, które wykazywały widoczne objawy infekcji w postaci grzybicy. Gąsienice nie wykazujące objawów grzybicy po trzymaniu w wilgotnej bibule filtracyjnej zostały wysterylizowane powierzchniowo 0,01% chlorkiem rtęci, następnie trzykrotnie wypłukane sterylną wodą destylowaną i rozcięte sterylnym ostrzem chirurgicznym, a następnie umieszczone na podłożu PDA i inkubowane w $25\pm^{20C}$. Po tygodniu inkubacji uzyskane kultury porównywano z ich pierwotnym źródłem przy użyciu znaków morfologicznych i kulturowych.

Przygotowanie zawieszenia konidialnego

Zawiesinę stożkową przygotowano przez zebranie masy stożkowej z 20-dniowych, gęsto wysportowanych kultur, które wyhodowano na podłożu PDA, poprzez staranne skrobanie na powierzchni płytki Petriego sterylnym ostrzem chirurgicznym. Wodną zawiesinę zebranych konidiów wykonano przez zawieszenie w 100 ml sterylnej wody destylowanej i środka powierzchniowo czynnego (Tween-80) w stężeniu 0,01%. Zawiesinę umieszczano na wytrząsarkach na 5 minut, aby rozbić kępki stożków, a następnie filtrowano ją przez sterylną tkaninę nylonową w celu usunięcia resztek grzybni i dużych kępek stożków. Stężenie stożkowe wodnej zawiesiny oszacowano, licząc stożki w hemocytometrze Neubauera pod mikroskopem lornetkowym. Zawiesinę stożkową rozcieńczano seryjnie sterylną wodą destylowaną o stężeniu 0,01% Tween-80, aby uzyskać wymagane stężenie 1x107 stożków/ml. Żywotność konidiów została sprawdzona przed użyciem w doświadczeniu metodą płytek rozcieńczających na podłożu PDA. Procentowe stężenie konidiów oszacowano w próbie biologicznej kiełkowania na podłożu PDA. Zawiesinę spryskiwano na każdej butelce w ilości 5ml/pojemnik przy użyciu automatu (Puzari i Hazarika, 1992). Każdy zabieg powtórzono cztery razy. Dwa spryskiwacze wykonywano w odstępach 10-dniowych. Butelki pokryte były moskitierami oddzielnie dla każdego zabiegu, aby zapobiec migracji / ucieczce owadów.

Badanie patogeniczności w celu potwierdzenia patogenezy *Beauveria bassiana* na śmiertelność szkodnika

Patogen wyizolowany z zainfekowanych zwojów liści był później testowany na patogenność. Początkowo patogen uprawiano na płytce z agaru dekstrozy ziemniaczanej (PDA). Zawiesinę zarodników patogenu przygotowano przy użyciu sterylnej wody destylowanej i spryskiwano ją na kształtki liściowe oraz inkubowano w celu rozwoju choroby. Nieprzetworzone zawiesiny utrzymywano jednocześnie w celach kontrolnych. Patogen został ponownie wyizolowany z zainfekowanych form ziaren liści i porównany z pierwotną hodowlą, a następnie utrzymywany w warunkach częstej subkultury.

Antagonistyczne działanie *Trichoderma viride* na Beauveria *bassiana*

Do badania antagonistycznego efektu *Trichodermy* zastosowano metodę zaproponowaną przez Gams *et al.* , (1990). Wyizolowane rodzime *Trichoderma* spp. badano pod kątem antagonizmu in vitro przeciwko *Beauveria bassiana* na PDA za pomocą podwójnej hodowli patogenów, a antagonistyczne grzyby inkubowano na przeciwległych końcach płytki Petriego zawierającej PDA. Równocześnie utrzymywano płytkę kontrolną, na której znajdował się tylko dysk grzybów testowych. Płytki Petriego inkubowano w temperaturze 29 $\pm$ ^{10C} przez 1 dzień, a zdolność anatagonisty do zahamowania rozwoju patogenu rejestrowano na podstawie okresowych obserwacji. Procentową redukcję wzrostu obliczano za pomocą wzoru podanego przez Vincenta (1947).

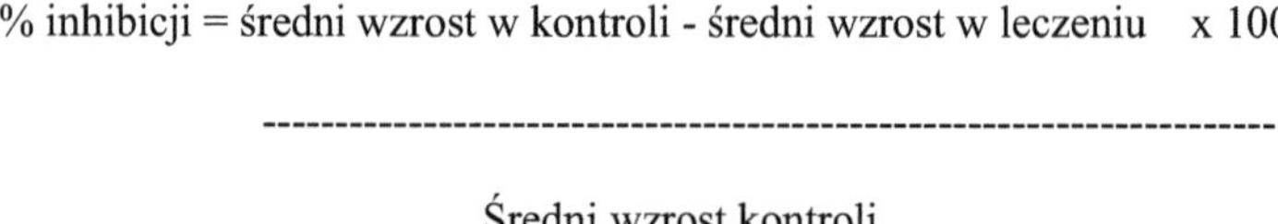

% inhibicji = średni wzrost w kontroli - średni wzrost w leczeniu x 100

Średni wzrost kontroli

Wpływ pestycydów na populację zapylającego watahy (*Beauveria bassiana* i Quinalphos)

Wybrano nowo powstające kwiatostany męskie na palmach Narodowego Centrum Badań nad Palmą Olejową, Pedavegi. Kwiatostany zostały poddane różnym zabiegom, takim jak *Beauveria bassiana* i Quinalphos w trzech powtórzeniach. Trzy repliki były również utrzymywane pod kontrolą. Do obserwacji wybrano losowo około 20 kwiatów na jeden kłos w każdej replice dziennie. Pod mikroskopem rozszczepiającym obserwowano różne etapy cyklu życia zapylającego watahy, aż do całkowitego wysuszenia kiści.

Ocena skuteczności *Beauveria bassiana* na formularzach internetowych Leaf w terenie

Wyselekcjonowano palmy na polu rolniczym (12 ha) we wsi Jagannadhapuram Pedavegi Mandal, które zostały poważnie zaatakowane pajęczkami liściowymi. Palmy zostały poddane różnym zabiegom, takim jak *Beauveria bassiana,* która jest środkiem biokontrolnym, Carbofuran, Phorate, Monocrotophos i Phosphomidon były pestycydami chemicznymi. Kuracje tymi środkami były podawane w stężeniach stosowanych na polu i utrzymywane w trzech powtórzeniach. *Beauveria bassiana,* Monocrotophos i Phosphomidon były stosowane w formie oprysku z powietrza, natomiast Carbofuran i Phorate w formie oprysku glebowego. Trzy repliki były również utrzymywane jako kontrola na oddzielnej powierzchni. Przed zabiegiem chemicznym policzono liczbę robaków liściowych i porównano ją z liczbą szkodników po zabiegu.

Klonowanie Genu *Bbchit1*

Izolacja DNA z *Beauveria bassiana*

DNA *B. bassiana zostało przygotowane zgodnie* z protokołem opisanym przez Readera i Broda (1985) z niewielką modyfikacją.

Procedura

- Wzorcowe DNA pobrano z czystych kultur *Beauveria bassiana*, które uprawiano na płytkach agarowych z dekstrozy ziemniaczanej.

- Sucha mata grzybniowa o masie 30-60 mg lub odpowiadająca jej ilość świeżej masy wystarczyła do mikroakustracji w 500 µl buforu.

- Rozdrobnioną grzybnię liofilizowaną mielono drobnym piaskiem w moździerzu (lub bez piasku w młynie miksującym lub świeżego materiału w ciekłym azocie), a sproszkowaną grzybnię przenoszono do mikrotuby z 500µl TES (100 mm Tris, pH 8,0, 10 mm EDTA, 2% SDS).

- Dodano proteinazę K 50 - 100 µg z odpowiedniego roztworu podstawowego i inkubowano przez 30 minut do 1 godziny w temperaturze 55-600C, od czasu do czasu łagodnie mieszając (mieszanie z piaskiem było łatwiejsze i skuteczniejsze w 2 ml rurce niż w 1,5 ml rurce stożkowej).

- Stężenie soli dostosowano do 1,4 M przy 5 M NaCl (= 140 µl) i 1/10 objętości (= 65 µl), dodano 10 % CTAB (bromek cetylo-trymetyloamoniowy). Inkubowano go przez 10 minut w ^{650C} i 1 objętość SEVAG (Chloroform: alkohol izoamylowy, 24:1, v/v) (= 700 µl), delikatnie mieszać i inkubować przez 30 minut w ^{00C}, a następnie odwirowywać przez 10 minut w ^{40C}.

- Supernatant przeniesiono do 1,5 ml probówki, dodano 225 µl 5M octanu amonu (NH4 COOCH3) delikatnie wymieszanego, umieszczono na lodzie na 30 minut (im dłużej tym lepiej), odwirowano w ^{40C} przy 10000 obr/min (do supernatantu dodano 15 µl RNazy).

- Supernatant został przeniesiony do świeżej probówki, do wytrąconego DNA dodano 0,55 objętości izopropanolu (=510 µl) i natychmiast odwirowywano przez 5 minut przy 10000 obr/min. Supernatant został odrzucony, a osad przemyty dwukrotnie zimnym 70-procentowym etanolem, wysuszony i rozpuszczony w 50 µl buforu.

Oczyszczanie DNA *Beauveria bassiana*

Rozwiązania

RNaza A: RNazę A w ilości 10 mg/ml rozpuszczono w 10 mM Tris-HCl (pH 7,5), 15 mM NaCl. Zawartość podgrzewano w 100oC przez 15 minut i pozostawiano do powolnego schłodzenia w temperaturze pokojowej. Podzielono na podwielokrotność i przechowywano w temperaturze -20oC.

Procedura

- Do surowego DNA dodano 5 μl/ml roztworu RNase (ilość RNase zależy od zanieczyszczenia RNA) i inkubowano w 37oC przez 45 minut.

- Do powyższego dodano 1 ml nasyconego fenolu TE, dokładnie wymieszano jego zawartość, a następnie odwirowano w temperaturze 15.000 x g w 4oC.

- Górna faza wodna została przeniesiona do świeżej probówki i dodana z równą objętością mieszaniny fenolu: chloroformu: alkoholu izoamylowego (25:24:1) do roztworu i dokładnie wymieszana bez wirowania.

- Zawartość odwirowywano w temperaturze 15 000 x g w temperaturze 4oC przez 5 minut i przenoszono górną fazę wodną do świeżej probówki.

- Do zawartości dodano równą ilość chloroformu: alkohol izoamylowy (24:1) i odwirowywano w temperaturze 15 000 x g w 4oC przez kilka minut. Etap ten jest powtarzany aż do momentu, gdy nie pojawi się żaden osad.

- Do 1/10 objętości (fazy wodnej) 3M octanu sodu (pH 5,2) dodano, zmieszano jego zawartość, a następnie dodano dwukrotnie większą objętość schłodzonego absolutnego alkoholu etylowego. Dokładnie wymieszać zawartość poprzez odwrócenie probówek i inkubować w temperaturze -20oC przez jedną godzinę, aby uzyskać osad DNA.

- Zawartość odwirowywano przy 15.000 x g przez 5 minut w temperaturze 4oC. DNA zebrano odrzucając supernatant, a osad wysuszono na powietrzu w celu usunięcia etanolu i rozpuszczono w odpowiedniej objętości buforu TE.

Kwantyfikacja *Beauveria bassiana* DNA

W tym zabiegu DNA zostało rozcieńczone w wodzie, a absorbancja została zmierzona przy 230, 260, 280 i 300 nm. Z tej metody znane jest przybliżone pojęcie o ilości zanieczyszczeń białkowych, ale wadą jest to, że jeśli istnieje zanieczyszczenie RNA lub małym kwasem nukleinowym, kwantyfikacja DNA byłaby błędna, ponieważ maksima absorpcji wszystkich kwasów nukleinowych są przy 260 nm. Metoda ta wymaga ilości mikrogramów DNA w celu zapewnienia wiarygodnych odczytów.

Obliczanie czystości i wydajności

Jedna jednostka absorbancji przy 260 nm dwuniciowego DNA jest równa 50 µg/ml dwuniciowego DNA, a jedna jednostka absorbancji przy 260 nm jednoniciowego DNA jest równa 40 µg/ml jednoniciowego DNA.

- Razem $_{A260}$ Jednostki = ($_{A260}$) x współczynnik rozcieńczenia
- Kokentaryzacja (µg/ml) = suma $_{A260}$ jednostek x (50 µg/ml)
- Yeild (µg) = Objętość x Cocentration
- Czyste DNA będzie wykazywało stosunek absorbancji ($_{A260/A280}$) od 1,8 do 2,0.
- Jeżeli DNA wykazuje stosunek absorbancji ($_{A260/A280}$) niższy niż 1,7, próbka jest zanieczyszczona białkiem.

Amplifikacja genu *Bbchit1 Beauveria bassiana za* pomocą reakcji łańcuchowej polimerazy (PCR)

Podkłady stosowane do reakcji łańcuchowej polimerazy

Podkładki	Sekwencja
Bbchit1-1	5I-CAACATACCAATCATGGCTCTTCTTCAAA-3I
Bbchit1-2	5I- TTATTTTCGACTTTAAGTACAATCCAT -3I

Master Mix

Fiolka Master Mix 10 µl

Podkład do przodu 1,5 µl

Podkład odwrotny 1,5 µl

Wzorzec DNA 2 µl

Woda nie zawierająca nuklidów 5 µl

----

20 µl

Master Mix zawiera polimerazę DNA 1U Taq, 10X bufor *Taq*, 10 mM dNTP i wodę klasy PCR. Mieszanka barwników podkładowych zawiera 10uM starter forward, 10uM starter odwrotny i barwnik kompatybilny z PCR z gliceryną. Po dodaniu wszystkich składników rurka PCR jest delikatnie odwirowywana w wirówce i umieszczana w Thermo Cycleerze.

Procedura

Gen *Bbchit1 Beauveria bassiana* został amplifikowany w Master cycler gradient (Eppendorf, Niemcy) zaprogramowany na 5 minut. W reakcji łańcuchowej polimerazy, specyficzne primery (*Bbchit1-1* i *Bbchit1-2*) zostały użyte do amplifikacji genomowej sekwencji otwartej ramki odczytu (ORF) genu. Zastosowano mieszankę wzorcową zawierającą 10X bufor *Taq*, 10 mM dNTPs, 25 mM MgCl2, 1 U polimerazy DNA *Taq*,1.5 µl startera przedniego, 1.5 µl startera odwrotnego, 100 ng Genomowego DNA i wodę cząsteczkową klasy PCR do ostatecznej objętości 20 µl. Polimerazy *Taq* DNA inicjuje replikację fragmentów DNA przy użyciu bazy nukleotydowej z mieszaniny dNTP (A, T, G i C). Amplifikację liniową prowadzono w temperaturze 95°C przez 5 minut, po czym wykonywano 40 cykli 30 s denaturacji w temperaturze 94°C, 30 s wyżarzania w temperaturze 60°C i 3 minuty polimeryzacji w temperaturze 72°C, a następnie 72°C przez 3 minuty. Wzmacnianie wykładnicze wykonywano w temperaturze 95°C przez 5 minut, następnie 35 cykli po 30 s denaturacji w temperaturze 94°C, 30 s wyżarzania w temperaturze 60°C i 2 minuty polimeryzacji w temperaturze 72°C, a następnie 72°C przez 10 minut. Produkty PCR były analizowane metodą elektroforezy na 1,6% żelu agarozowym, wizualizowaną w świetle UV, fotografowane i dokumentowane za pomocą Alpha Imager (Alpha Innotech, California, USA).

Elektroforeza w żelu agarozowym

Wymagana ilość agarozy (w/v) została zważona i stopiona w 1X buforze TBE (0,9M Tris-borate, 0,002 M EDTA, pH 8,2). Następnie dodano 1-2 µl bromku etydyny z surowca (10 mg/ml H2). Po ochłodzeniu mieszaninę wlewano do tacy odlewniczej za pomocą odpowiedniego grzebienia. Grzebień usunięto po zestaleniu, a żel umieszczono w komorze do elektroforezy zawierającej 1X bufor TBE. Produkty mieszano z 6-krotnym buforem ładującym (0,25% błękit bromofenolowy, 0,25% ksyleno-cyanol FF, 30% gliceryna w wodzie) w stosunku

5:1 i ładowano do studzienki. Elektroforezę prowadzono pod napięciem 60 V (Sambrook *i in.*, 1989).

Eluting DNA z fragmentów żelu agarozowego

- Żel agarozowy zabarwiony bromkiem etydyny był wizualizowany pod transiluminatorem na niskich ustawieniach. Odłamek zainteresowania został wycięty czystą żyletką. Po usunięciu nadmiaru płynu, fragment agarozy umieszczono w kolumnie wirowej.

- Probówkę odwirowywano z prędkością 5500 obrotów na minutę przez nie więcej niż 45 sekund w celu elucji DNA.

- Eluent został sprawdzony za pomocą transiluminatora na obecność DNA zabarwionego bromkiem etydyny.

- Wypłukane DNA zostało użyte bezpośrednio w reakcjach enzymatycznych.

- Ta frakcja DNA została teraz poddana sekwencjonowaniu.

Manipulacja DNA

Kaseta z nadekspresją umieszczona w pBANF-bar-pAN-Bbchit1 została wprowadzona do *B. bassiana za* pomocą protokołów opisanych przez Fang *et al.*, (2004). W celu wygodnego wprowadzenia genu do pAN52-1 (TNO Nutrition and Food Research Institute, Zeist,) do miejsca BamHI i EcoRI wektora wprowadzono wiele miejsc klonowania. Ten wyżarzony produkt został sklonowany do pAN52-1 poprzez trawienie wektora za pomocą BamHI i EcoRI. Następnie został przetrawiony za pomocą nukleazy S2 w celu usunięcia kodonu startowego ATG w promotorze *gpd*, a następnie poddany obróbce religijnej. Następnie wektor został poddany analizie sekwencji w celu zbadania orientacji wkładu i potwierdzenia, że ATG został pomyślnie usunięty. W obrębie pAN52-1 istniały dwie orientacje wielu miejsc klonowania. Jedna z nich, pAN-ES, reprezentowała orientację wielokrotnych miejsc klonowania, w której 3I do promotora *gpd przechodziła* z BamHI do BglII; druga, pAN-SE, przechodziła z BglII do BamHI. *Pgpd/TtrpC* zwolniony z pAN-ES został wprowadzony do HindIII-XbaI-cut pBANF-bar w celu utworzenia pBANF-bar-pAN-ES. Otwartą ramkę odczytu (ORF) produktu genu *Bbchit1*, który został wzmocniony reakcją łańcuchową polimerazy, wprowadzono następnie do pGEM-T poprzez klonowanie A-T (Promega). Po potwierdzeniu braku mutacji poprzez analizę sekwencyjną, otwartą ramkę odczytową *Bbchit1* *wyizolowano* z pGEM-T za pomocą EcoRI i SmaI, poddano ją ligacji do pBANF-bar-pAN-ES w celu utworzenia pBANF-bar-pAN-Bbchit1. PBANF-bar-pAN-Bbchit1 został zmobilizowany do *A. tumefaciens* LBA4404 (Bevan, 1984).

Transformacja i przesiewanie

Transformatory wyselekcjonowano pod kątem odporności na 60 g herbicydu fosfinotrycyna na ml. Mokre grzybnie (2,5 g) każdego z odpornych na herbicydy transformantów przenoszono z bulionu ziemniaczanego Dekstroza na pożywkę z solą zasadową uzupełnioną 2% glukozą i 0,5% azotanem sodu, którą hodowano w 25 2OC± przez 24 h przy 100 obr. Wyższa aktywność chitynazy powinna być wykryta w ciekłych kulturach transformantów, które wytworzyły nadmiar *Bbchitu1* niż w kulturach bulionowych szczepu dzikiego. W celu potwierdzenia nadprodukcji *Bbchit1* zastosowano metodę Western blotting.

Analiza ekspresji genów

W celu analizy regulacyjnego wpływu glukozy na produkcję chitynazy w podłożach zawierających chitynę koloidalną, 2 g mokrej grzybni *B. bassiana przeniesiono* z bulionu Dekstrozy ziemniaczanej na podłoże uzupełnione 1% [masa/obj.] chityny koloidalnej (HI-MEDIA). Po 24 godzinach próbki pobierano w 48-godzinnych odstępach czasu, filtrując je przez bibułę filtracyjną Whatmana nr 5. Filtry zostały poddane liofilizacji, rozpuszczone w wodzie destylowanej i odsolone przy użyciu 75% wytrącenia siarczanu amonu. Otrzymane w ten sposób białko odwirowywano, a otrzymany granulat dializowano. Następnie dwadzieścia mikrogramów białka poddano elektroforezie w żelu SDS-Poliakrylamidowym.

Oczyszczanie chitynazy

Filtracja

Przez bibułę filtracyjną nr 5 firmy Whatman filtrowano przez tydzień płyn z hodowli klonowanych wektorów zawierający kultury uprawiane na podłożu z soli bazowej zawierającym 1% (wagowo/objętościowo) chityny koloidalnej i poddawano go wytrącaniu siarczanem amonu (75%, wagowo/objętościowo).

Wytrącanie siarczanu amonu

Siarczan amonu jest silnie uwodniony, a stężony roztwór siarczanu amonu znacznie zmniejsza dostępność wody. Białko o stosunkowo niewielkiej liczbie regionów hydrofilowych będzie się kumulowało i wytrącało przy stosunkowo niskim stężeniu siarczanu amonu przy około 20-30% nasyceniu, podczas gdy białko z regionów bardziej hydrofilowych pozostanie w roztworze do momentu, gdy stężenie siarczanu amonu będzie znacznie wyższe przy około 50-60% nasyceniu. Oznacza to, że możliwe jest oddzielenie białek od mieszaniny na podstawie ich względnej hydrofilowości poprzez stopniowe zwiększanie stężenia siarczanu amonu.

Na każdym etapie wymagana objętość nasyconego roztworu siarczanu amonu, która była niezbędna do osiągnięcia określonego procentowego nasycenia preparatu enzymatycznego. Lodowaty, nasycony roztwór siarczanu amonu dodawany był powoli do roztworu białkowego w łaźni lodowej i stale mieszany. Dodano wymaganą ilość siarczanu amonu, aby osiągnąć 35%, odwirowywaną z prędkością około 10.000 obr/min przez 10 minut. Osad został zebrany i ponownie rozpuszczony w buforze. Aby osiągnąć 70% nasycenia, dodano większą ilość siarczanu amonu, odwirowywanego przy około 10.000 obr/min przez 10 minut. Osad został zebrany i ponownie rozpuszczony w buforze. Osad zebrano przez wirowanie i rozpuszczono w 100 mM buforze Tris-HCl (pH 8,0).

Dializa

Membrana posiada pory, które pozwalają na krzyżowanie się małych cząsteczek, takich jak jony amonowe i siarczanowe, a tym samym wyrównują się w większej objętości buforu na zewnątrz, nie pozwalając jednocześnie na krzyżowanie się dużych cząsteczek białka. Dializa zwiększy objętość roztworu enzymu, ze względu na początkowy efekt osmotyczny siarczanu amonu.

Frakcja wytrąconego białka, która zawiera większość enzymów, została ponownie rozpuszczona w buforze. Siarczan amonu został usunięty w wyniku dializy preparatu zawierającego izolowany enzym. Roztwór enzymatyczny umieszczono w worku z selektywnie przepuszczalną membraną (celofanem), zanurzonym w dużej objętości buforu, który jest mieszany i utrzymywany w temperaturze około ^{40C}. Bufor był kilkakrotnie zmieniany, pozwalając za każdym razem na kilka godzin wyrównania siarczanu amonu, mniej więcej cała jego zawartość zostanie usunięta z roztworu białka. Zostało to sprawdzone przez dodanie kropli odczynnika Nesslera. Dodatek odczynnika Nesslera do bufora był początkowo różowy. Białko jest czyste, gdy kolor bufora pozostaje bezbarwny nawet po dodaniu odczynnika Nesslera; (dlatego ważne jest, aby pozostawić szczelinę powietrzną w górnej części membrany, aby zapobiec jej pęknięciu).

Po dializie na tym samym buforze surowy ekstrakt poddano chromatografii jonowymiennej.

Chromatografia anionowymienna

Chromatografia anionowymienna została wykonana przy użyciu kolumny celulozowej DEAE (Biomolekuły HELINI, Chennai). Po wypłukaniu kolumny 3 objętościami 20 mM buforu Tris-HCl (pH 7,8), została ona wypłukana przy liniowym gradiencie 100 ml NaCl (0 do 1 M) w buforze myjącym z prędkością przepływu 1 ml/min. Frakcje o aktywności chitynazy zebrano i stężono w stosunku do PEG 20 000 w celu dalszej analizy. Sto mikrogramów oczyszczonej chitynazy zmieszano z kompletnym adiuwantem Freunda i wstrzyknięto w odstępach 2-tygodniowych do japońskiego białego królika z długimi uszami w celu wytworzenia surowicy odpornościowej.

Procedura

- Przy użyciu szklanej kolumny, do której przymocowano pompę i adapter, przygotowano kolumnę o pojemności 10 ml, używaną z prędkością przepływu 1-2 ml/min.

- Przy użyciu 25 ml płukanki High Salt Buffer (10 mM buforu o pH plus 1M NaCl) została ona zregenerowana.

- Kolumnę zrównano z 50-100 ml Buforu Równoważącego (10 mM bufor w pH).

- Alternatywnie, próbka była rozcieńczana buforem wyrównawczym, aż do osiągnięcia stężenia soli równego lub mniejszego niż 50 mM.

- Lizaty próbek zostały zapisane przez zamrożenie w probówce z mikrofuge'em w celu późniejszej analizy.

- Kolumna została obciążona próbką przy przepływie 1ml/min i przepłukana 3 objętościami bufora wyrównawczego.

- Białko zostało wymyte przy użyciu elucji izokratycznej (40 ml) lub gradientowej (100 ml łącznie). Zebrano 2-5 ml frakcji.

- Zostały one następnie wypłukane za pomocą wysokiego buforu solnego do usuwania wszelkich ściśle związanych białek, a żywica została zregenerowana do następnego użycia. W trakcie tego etapu zebrano 2-5 ml frakcji.

- Przygotować chromatograf pokazujący całkowite stężenie enzymów w próbkach.

Analiza enzymu chitynazy *Beauveria bassiana za* pomocą SDS-PAGE

Pobrano 100 µg białka z eluowanej frakcji chromatografii anionowymiennej i wymieszano je z 10 µg buforu próbki w probówce z mikrofugerem, gotowano przez 4 minuty i inkubowano w 40OC przez 30 minut. Następnie próbki zawierające równą ilość białka zostały załadowane do dołków z 12% żelem poliakrylamidowym. Do jednego z dołków załadowano również marker o zróżnicowanej masie cząsteczkowej (HELINI, Chennai) zmieszany z buforem próbki. Elektroforezę prowadzono przy stałym napięciu 75 V. Przeprowadzono również elektroforezę w jednym z dołków. Żele barwiono przez noc 0,2% roztworem niebieskiego brylantowego komassu, a następnie destylowano. Odnotowano względną ruchomość każdego z pasm białkowych.

Roztwór stosowany w elektroforezie żelu poliakryloamidowego SDS

Rozwiązania magazynowe

1) Roztwór akryloamidu

Akrylamid - 29 g

N', n'-metylen Bis akrylamid - 1 g

Do 100 ml wody destylowanej.

2) Tris - bufor z elektrodami glicynowymi, pH 8,2

Tris - 3 g

Glycine - 14,4 g

10% SDS - 6 ml

Rozpuszczony w 100 ml wody destylowanej

3) Bufor Tris-HCl, pH 8,8

Tris - 18,17 9

Rozpuszczone w 90 ml wody i pH dostosowano do 8,8 stężonym kwasem solnym, a objętość uzupełniono do 100 ml wodą destylowaną.

4) Bufor Tris-HCl pH 6,8

Tris - 6,075 g

Tris rozpuszczono w 90 ml wody destylowanej i dostosowano pH do 6,8 stężonym kwasem solnym, a objętość uzupełniono do 100 ml wodą destylowaną.

5) 10% SDS

6) Zderzak do ładowania próbek

Bufor Tris HCl pH 6,8 - 10,4 ml

Gliceryna - 10 ml

SDS - 4 g

Woda - 7,9 ml

7) Rozwiązanie robocze

Bufor załadowczy - 425 μl

b-Mercapto etanol - 75 μl

Woda - 500 μl

8) TEMED (N, N, N, N'-tetra metyloetylenodiamina)

9) Amoniak na siarczan (APS) 0,1 g/1 ml

10) Roztwór żelu rozpuszczającego (10%)

Akrylamid - 6,6 ml

Woda - 8,3 ml

Bufor Tris-HCl pH-8,8 - 5 ml

10% SDS - 200 μl

10% Amoniak na siarczan - 100 μl

TEMED - 15 µl

11) Roztwór żelu do układania w stosy (3%)

Akrylamid - 1,3 ml

Woda - 5,5 ml

Bufor Tris-HCl pH-6,8 - 1 ml

Amoniak na siarczan - 150 µl

10% SDS - 90 µl

TEMED - 10 µl

Wzór na obliczenie mobilności względnej (Rm)

$$\text{Względna mobilność} = \frac{\text{Odległość pokonana przez opaskę białkową}}{\text{Odległość pokonana przez barwnik śledzący}}$$

Określenie trójwymiarowej struktury egzochitynazy *Beauveria bassiana*

Białko Bbchit1, które koduje dla egzochitynazy *Beauveria bassiana*, nie ma żadnej przewidywanej trójwymiarowej struktury dostępnej w PDB (banku danych o białkach). Sekwencja białek została poddana badaniu PSI-BLAST w NCBI. W analizie wybuchowej nie znaleziono ani identycznej sekwencji, ani najbliższego sąsiada. Następnie wykorzystano alternatywną metodę poszukiwania białka homologicznego, tj. metodę przewidywania fałdów. Istnieje automatyczny serwer do modelowania białek, który wyszukuje białko homologiczne za pomocą przewidywania fałdów, a sekwencje są modelowane z dużą dokładnością. Wygenerowany model został poddany kilku powtarzanym cyklom minimalizacji energii przy użyciu oprogramowania SPDBV, a ostateczny model poddano ocenie chemicznej stereo.

Badanie aktywności chitynazy

Badanie aktywności chitynazowej zostało przeprowadzone zgodnie z opisem Millera (1959). Jedna jednostka aktywności chitynazy została określona jako ilość enzymu, który uwalniał cukry odpowiadające 1 µmol *N-acetyloglukozaminy* na godzinę w temperaturze 37°C.

- Aktywność chitynolityczną badano, mierząc uwalnianie sacharydów redukujących z chityny koloidalnej w następujący sposób.

- Mieszanina reakcyjna zawierająca 1 ml supernatantu hodowli, 0,3 ml 1 M buforu octanu sodu (bufor SA), pH 4,7 i 0,2 ml chityny koloidalnej była inkubowana w temperaturze 40°C przez 6-24 godziny, a następnie odwirowywana przy 12 500 obr/min przez 5 minut w temperaturze 4°C.

- Po odwirowaniu w 1,5-ml probówkach Eppendorfa zmieszano porcję 0,75 ml supernatantu, 0,25 ml 1% roztworu kwasu dinitrozalicylowego w 0,7 M NaOH i 0,1 ml 10 M NaOH i ogrzewano w temperaturze 100°C przez 5 minut.

- Absorbancję mieszaniny reakcyjnej przy 582 nm (*A582*) mierzono po schłodzeniu do temperatury pokojowej.

- Krzywą kalibracyjną z *N-acetylo-d-glukozaminą* (NAGA) jako standardem wyznaczono redukcję stężenia sacharydów.

- Aktywność *N-acetylo-b-d-glukozoaminidazy* (egzochitynazy) była mierzona i monitorowana spektrofotometrycznie jako uwalnianie *p-nitrofenolu* (pNP) z p-nitrofenylo-Nacetylo-d-glukozoaminidu w następujący sposób.

- Mieszaninę 1-25 ml roztworu badawczego, 0,2 ml roztworu *p-nitrofenolu* (1 mg pNP z ml21) i 1 ml 0,1 M buforu SA (pH 4,7) ogrzewano w temperaturze 40°C przez 6-24 h, a następnie odwirowywano z prędkością 12 225 obr/min. Do otrzymanego supernatantu dodano porcję 0,3 ml 0,125 M buforu tetraboranowo-sodowego NaOH o pH 10,7, bezpośrednio po zmieszaniu zmierzono absorbancję przy 400 nm (A400), a stężenie pNP w roztworze obliczono z zastosowaniem współczynnika ekstynkcji molowej pNp (18 500 M21 z cm21). Aktywność *N-Acetylo-b-d-glukozoaminidazy wyrażano* w jednostkach pNP (pNP-U) z jedną jednostką określoną jako 1 mmol pNP uwolnionego w opisanych warunkach.

- Swoistą aktywność *N-acetylo-b-d-glukozaminidazy* (A400) określono jako ilość jednostek pNP uwalnianych przez 1 ml roztworu enzymu przez 1 h (*A400*, pNP-U z h21 z ml21).

Czynniki wpływające na aktywność chitynaz

Aktywność enzymu egzochitynazy była deteminowana w różnym pH od 4 do 9 oraz w różnych temperaturach od ^{250C} do 600C w celu oceny jego maksymalnej aktywności.

Dokumentacja danych doświadczalnych

Obserwacje w każdym eksperymencie były okresowo rejestrowane i dokumentowane.

Wyniki i dyskusja

Identyfikacja *Beauveria bassiana*

Charakterystyka morfologiczna gatunków *Beauveria*

Nitki grzybni mają kształt cylindryczny, hialinowy, septyczny i szerokość 2,9-3,8μ m. Konidiofory były przeważnie rozgałęzione i cylindryczne oraz rzadko nierozgałęzione i podłużne, miały kształt i rozwinęły się od grzybni pod kątem prostym w pobliżu przegrody i początkowo pojawiały się jako występy guzowate. Stopniowo pojawiały się one jako elementy podobne do hyphae na głównej hypha i są grupami/klastrami komórek konidiogennych, jak pokazano na rys.2. Conidiogenous komórek / fialidy były jednokomórkowe z globus do elipsoidalnej podstawy tłumiące w do długich rachis sympodial, które są conidia. Ułożono je w skupiska po 10-12 wzdłuż żyznej gałęzi głównej hypha lub krótkiej gałęzi lets. Wymiary komórek konidiogennych wahały się od 3,2-3,8x3,0-3,3μ m.

Obserwacje te były zgodne z ustaleniami Samsona (1980) oraz Chowdhry'ego i Mathura (2000), którzy donieśli, że typowa *B. bassiana* będzie miała hialinę, grzybnię przegrodową o szerokości 3,0-3,5 μm, konidiofory są pojedyncze lub rozgałęzione, powstałe w wyniku wegetatywnego hyphae, noszące grupy/klastry konidiogennych komórek/fialidów. Gdzie jako konidiogenne komórki są globusoidalne z długimi rachis i ich rozmiary wahają się od 3,0-3,8x3,2-3,3μ m. Konidia są gładkie, globus do podglobozy i wielkości od 3,2-3,7x2,9-3,0μ m.

Morfologia kolonii i grzybnia lotnicza

Na podstawie budowy morfologicznej *B. bassiana* została podzielona na trzy grupy: puszystą i średnią, uniesioną i obfitą oraz pulchnącą i skąpa, jak pokazano na rys.3. Natomiast Lefebure (1931) podał, że *B. bassiana* z omacnic kukurydzianych wytwarzała na 15 typach podłoży charakterystyczny czterogrupowy wzrost: płaski, mączysty, kredowy i pulweralny.

Kolorystyka kolonii i pigmentacja substratów

Zmiany barwy kolonii i pigmentacji obserwowano na podłożu PDA w 20 dni po inkubacji. *B. bassiana* pozostaje biała nawet po sporulacji. Na poparcie naszej obserwacji Petch (1931) i Siemaszko (1937) zaobserwowali również zmianę barwy hodowli po sporulacji. W ich badaniach grzybnia początkowo była biała, ale w miarę dalszego wzrostu, kolor grzybni stopniowo upodabniał się do koloru zarodników, które zwykle tworzą się na całej powierzchni kultury w miarę dojrzewania.

Skaningowa mikroskopia elektronowa *Beauveria bassiana*

Skaningowe badania mikroskopii elektronowej ujawniły molekularne cechy grzybni *Beauveria bassiana* (Rys-4). Hyphae są dobrze rozwinięte, obficie rozgałęzione, septyczne i hialinowe. Komórki te są wielojądrowe. Konidiofory są długie i wyprostowane. Konidiopory nośne mają kształt butelki. Stożkowce są globusowe i jednokomórkowe.

Badania na różnych naturalnie dostępnych podłożach w celu obserwacji wzrostu B. *bassiana* i możliwości komercyjnego formowania.

Hodowla grzybów na podłożach laboratoryjnych jest kosztownym i żmudnym procesem. Zamiast korzystać z podłoży syntetycznych, do rozmnażania stosuje się powszechnie i łatwo dostępne materiały, dzięki czemu można obniżyć koszty produkcji i udostępnić preparat społeczności rolniczej po niskich kosztach. Zachowując ten cel, niniejsze badanie zostało przeprowadzone w celu określenia wydajności wzrostu *Beauveria bassiana* na różnych podłożach (Tabela 1; Wykres 1; Rys. 5).

Z obserwacji wynika, że tt wyraźnie wykazało, że bulion z ryżu w proszku wytworzył więcej zarodników (3,32X106) w rozcieńczeniu 10-1, a następnie bulion z ryżu w proszku z cukrem (2,84X106). Z bulionu glinianego i bulionu cukrowego nie uzyskano żadnych zarodników, co wskazuje, że nie są one odpowiednim podłożem do uprawy *Beauveria bassiana*. Mimo, że populacja przetrwalników została znaleziona we wszystkich rozcieńczeniach, więcej populacji zostało znalezionych w rozcieńczeniu 10-1. Wyniki przewidywały, że przy użyciu pożywki bulionowej Dekstroza ziemniaczana, rozwój grzyba był bardzo szybki, począwszy od trzeciego dnia po inokulacji. I prawie 8 dni trwało tworzenie się maty grzybniowej. Matę zaobserwowano w kolorze białym. Najniższą liczbę zarodników zaobserwowano na glinie z bulionem cukrowym (0,05X106). Na bulionie glinianym i bulionie cukrowym nie stwierdzono obecności zarodników, co wskazuje, że w obu przypadkach brakuje składników odżywczych niezbędnych do jego optymalnego wzrostu.

Podobna próba wykorzystania niekonwencjonalnego materiału do tworzenia mediów komercyjnych została podjęta przez Henke *et al.* , (2002) i donieśli oni, że preparaty grzybów *Beauveria bassiana są rozprzestrzeniane* na szereg warzyw, melonów, owoców drzew i orzechów, jak również na uprawy ekologiczne. Jako alternatywy dla pestycydów chemicznych środki te występują naturalnie i są uważane za niepatogenne dla ludzi, chociaż odnotowano kilka przypadków zakażeń tkanek wywołanych przez *Beauveria bassiana.* Wielu pracowników używało różnych półstałych i płynnych mediów do masowego namnażania *Beauveria.* A Muller-Kogler (1967) sugerował, że luźne (otręby lub ziarna kukurydzy), a nie stałe podłoże jak agar, dają więcej zarodników, ponieważ zarodniki/jednostka masy pożywki jest związana z powierzchnią pożywki. Puzari i Hazarika (1992) zaprojektowali niedrogie podłoże z łuską ryżu, pyłem z piły i otrębami ryżowymi w stosunku 75:25:100, odpowiednio do kultury masowej *B. bassiana* do kontroli hispy ryżowej, *Dicladispa armigera* (Oliver).

Wzrost *Beauveria bassiana* w różnych poziomach ^{pH}

Wzrost *Beauveria bassiana* w różnych warunkach pH został przeprowadzony w celu potwierdzenia jej przydatności w warunkach polowych oraz stwierdzenia jej trwałości w różnych wodach i rodzajach gleb (poziomy pH). Obserwacje dotyczące wzrostu *Beauveria bassiana w* postaci populacji zarodników odnotowano w różnych przedziałach pH od 3 do 10. Stwierdzono, że maksymalna liczba zarodników (0,98 X106) została zaobserwowana przy pH 6, a następnie przy pH 7 (0,89X106) i pH 5 (0,80 X106) w rozcieńczeniu 10-1. Nie zaobserwowano też populacji przetrwalników przy pH powyżej 3 i 10. Zaobserwowano, że w miarę wzrostu zasolenia i kwasowości odczynu obojętnego, grzyb nie był w stanie się wysportować. Widać to było na podstawie obserwacji przy poziomach pH 4, 8 i 9. Stwierdzono, że różnice pomiędzy poszczególnymi rozcieńczeniami zmniejszają się wraz ze wzrostem rozcieńczenia. W sumie daje to wrażenie, że grzyb jest w stanie rozmnażać się maksymalnie przy poziomach pH 6 i 7, a przestaje rosnąć przy ekstremalnych poziomach pH (tabela 2; wykres 2). Obserwacje te były zgodne z ustaleniami Hallswortha i N Magana (1996).

Wzrost *Beauveria bassiana* przy różnych stężeniach soli

Wzrost grzybów *Beauveria bassiana* w różnych stężeniach soli został przeprowadzony w celu potwierdzenia ich przydatności w różnych warunkach terenowych oraz stwierdzenia ich trwałości w różnych typach gleb, a także w celu potwierdzenia, czy mogą się one rozmnażać w glebach zasolonych, czy też nie oraz w celu ustalenia wzorca wzrostu grzybów testowych w różnych stężeniach soli i ich skuteczności w różnych glebach i wodzie o różnym stężeniu soli, badania przeprowadzono przy różnych stężeniach soli w zakresie od O,5% do 30%. Obserwacje dotyczące intensywności wzrostu, które przedstawiono w postaci znaków "+" i "-" przedstawiono w tabeli 3. Wyniki przewidywały, że maksymalne natężenie wzrostu (++++) obserwowano zarówno przy 0,5% stężeniu soli, jak i w kontroli wskazującej na zdolność grzyba do utrzymania poziomu soli nawet do 0,5%. W miarę zwiększania się stężenia, intensywność wzrostu spadała i nie odnotowano wzrostu przy 30 i więcej procentowym stężeniu soli (ryc. 6).

Termiczna śmierć Czas na wzrost *Beauveria bassiana*

W celu zbadania trwałości grzyba *Beauveria bassiana* w różnych temperaturach przez określony okres czasu i optymalizacji warunków jego przechowywania, przeprowadzono doświadczenia poprzez wystawienie go na działanie różnych okresów czasu. Szczegóły dotyczące ekspozycji inokulum grzybowego w różnych okresach czasu i wynikającej z tego intensywności wzrostu podano w tabeli 4.

Z wyników wynikało, że wzrost grzyba był najwyższy w leczeniu kontrolnym w ciągu wszystkich trzech dni po szczepieniu. Ze względu na wydłużenie czasu ekspozycji z 3 do 30 minut, stwierdzono zmniejszenie intensywności wzrostu. Przy 30-minutowej ekspozycji nie zaobserwowano żadnego wzrostu. Wzrost był niewielki lub słaby, gdy grzyb był eksponowany przez 21 minut i więcej.

Thermal Death Point na wzrost *Beauveria bassiana*

Temperatura i wilgotność względna są dwoma najważniejszymi czynnikami abiotycznymi, które są odpowiedzialne za wzrost grzyba. Ponieważ są one bezpośrednio związane ze wzrostem, eksperyment ten został przeprowadzony w celu określenia wpływu temperatury na wzrost grzyba testowego. Pozwoli to na uzyskanie informacji o krytycznych temperaturach, które są odpowiedzialne za intensywność wzrostu grzyba w warunkach terenowych. Ponieważ obszary uprawy palmy olejowej są subtropikalne z wysokimi temperaturami latem i wilgotnością względną, powodzenie uprawy *Beauveria bassiana zależy* od jej przetrwania w tych temperaturach w trakcie stosowania. Obserwacje te zostały przedstawione w tabeli 5.

Stwierdzono, że grzyb wykazywał jedynie niewielki wzrost w temperaturze $^{400C\ \text{przez}}$ wszystkie 3 dni po zastosowaniu, w porównaniu z kontrolą, w której stwierdzono maksymalny wzrost. Ponieważ temperatura wzrosła z 400C do ^{500C} i poza nią grzyb nie wykazywał żadnego wzrostu, wyraźnie wskazuje to, że temperatury powyżej

^{400C} mają szkodliwy wpływ na wzrost *Beauveria bassiana.* Ponieważ nie zaobserwowano żadnego wzrostu w temperaturze ^{500C} i wyższej, za termiczny punkt śmierci uznano ^{500C} dla *Beauveria bassiana.* Badania nad wpływem temperatury były w korelacji z wynikami badań Hallswortha i Magana (1996).

Zabójcze skutki działania światła ultrafioletowego na *Beauveria bassiana*

Aby poznać wpływ promieniowania ultrafioletowego na zwalczanie grzyba *Beauveria bassiana,* przeprowadzono doświadczenia, wystawiając hodowane płytki na działanie *promieniowania* ultrafioletowego przez różne okresy czasu. Obserwacje były rejestrowane do 5 dni po naświetlaniu z i bez zakrywek i zostały podane w tabeli 6. Na podstawie danych zaobserwowano, że wraz ze wzrostem ekspozycji na promieniowanie ultrafioletowe (w minutach), tempo wzrostu spadło we wszystkich płytkach z pokrywą i bez pokrywy. Intensywność wzrostu była jednak większa w płytkach pokrytych pokrywkami niż bez pokrywek. Nie było różnicy w intensywności wzrostu do 4 minut ekspozycji, ale później wraz ze wzrostem ekspozycji, wykazał minimalny wzrost. Było to wyraźniej widoczne w płytkach pokrytych pokrywami, które nie miały pokrywy. Przy 10-minutowej ekspozycji, wzrost był prawie niewielki lub zerowy przez wszystkie dni obserwacji.

Zgodność *Beauveria bassiana* z niektórymi agrochemikaliami

W celu poznania wpływu agrochemikaliów na wzrost czynnika mikrobiologicznego *B. bassiana,* przeprowadzono doświadczenie z powszechnie stosowanymi agrochemikaliami. Doświadczenie to przeprowadzono zarówno na podłożu bulionowym, jak i agarowym.

Nośnik bulionowy

Jako parametry do omówienia wyników przyjęto suchą masę kultury na podłożach bulionowych oraz średnicę kolonii na podłożach agarowych.

Wzrost *B. bassiana* w podłożu bulionowym

Zaobserwowano, że nawozy mocznik, Muriate of Potash i Super phosphate nie miały negatywnego wpływu na wzrost grzyba. Spośród tych trzech nawozów Muriate of Potash wykazywał mniejszą kompatybilność tylko z 1,02 g suchej masy w porównaniu z mocznikiem (1,2 g) i superfosfatem (1,34 g). Procentowe zahamowanie pojawiło się również w tej samej tendencji - 44,56 w przypadku Muriatu Potasu, 26,8% w przypadku Superfosforanu i 27,35% w przypadku Mocznika. Wśród różnych badanych środków owadobójczych druga generacja syntetycznej pyretroidy Lambda cyhalothrin okazała się mniej szkodliwa (1,09) w porównaniu z konwencjonalnymi środkami owadobójczymi Monocrotophos (0,71) i Quinalphos (0,89). Podobnie, mniejszy procent inhibicji (42,91) zaobserwowano w leczeniu cyhalotryną lambda, a następnie Quinalphosem (43,29) i Monocrotophosem niezmiennie wykazywał większy procent inhibicji (61,23). Spośród różnych badanych fungicydów, oprócz Tridemorpha, wszystkie inne wykazywały negatywny wpływ na wzrost. Nie stwierdzono wzrostu w kuracjach karbendazymem i Mancozebem, które były powszechnie stosowanymi fungicydami. Natomiast Tridemorph wykazywał mniejszy wpływ (0,76) na wzrost grzybów z procentowym zahamowaniem 58,33% (tabela 7; wykres 3; ryc. 7).

Medium agarowe

Wzrost *B. bassiana* w podłożu agarowym

Średnice kolonii w kulturach uprawianych na podłożach z różnymi nawozami, fungicydami i insektycydami podano w tabeli. 7

Z tabeli wynika, że nawozy takie jak mocznik, Muriate of Potash i Super phosphate nie wykazały negatywnego wpływu na wzrost grzyba. Spośród tych trzech, Muriate of Potash wykazywał mniejszą kompatybilność tylko z 1,46 cm suchej masy w porównaniu z mocznikiem (1,86 cm) i superfosfatem (1,9 cm). Procentowe zahamowanie pojawiło się również w tym samym trendzie - 41,3 w przypadku Muriatu Potasu, 24% w przypadku Superfosforanu i 25,3% w przypadku

Mocznika. Wśród różnych badanych środków owadobójczych druga generacja syntetycznej pirydy Lambda cyhalothrin okazała się mniej szkodliwa (1,46 cm) w porównaniu z konwencjonalnymi środkami owadobójczymi Monocrotophos (1 cm) i Quinalphos (1,46 cm). Podobnie, mniejsze zahamowanie (42,6) zaobserwowano w przypadku leczenia cyhalotryną lambda, a następnie Quinalphosa (41,3). Monokrotofos niezmiennie wykazywał większy odsetek zahamowań (57,58). Spośród różnych badanych fungicydów, oprócz Tridemorpha, wszystkie inne wykazywały negatywny wpływ na wzrost. Nie stwierdzono wzrostu w kuracjach Karbendazym i Mancozeb, które są powszechnie stosowanymi fungicydami. Natomiast Tridemorph odnotował mniejszy wpływ (1,06) na wzrost grzybów z procentowym zahamowaniem 57,33%. (Tabela 7, wykres 3, rys. 8)

Nie poczyniono wielu wysiłków w zakresie kompatybilności *Beauverii* z fosforanami organicznymi, takimi jak monokrotofos, chloropiryfos i kwinalfos. Kaaya *i wsp.*, (1996) podali, że prawidłowy wzrost i sporulacja *B. bassiana* w podłożu zawierającym organofosforany w niższym stężeniu, jednakże zaobserwowano istotne zahamowanie wzrostu i sporulacji z powodu Qunalphos, Chlorpyriphos i Monocrotophos w wyższym stężeniu (Aguda *i wsp.,* 1984). Sun *i wsp.* , (1993) podali, że połączenie *B.bassiana* i organofosforanów w umiarkowanym stężeniu jest skuteczne w zwalczaniu szkodników z rodzaju Tea. W niniejszym badaniu zaobserwowano, że przy użyciu fosforoorganicznych związków organicznych (monokrotofos, kwinalfos i lambda cyjahalotryna) wzrost i sporulacja były umiarkowanie hamowane w warunkach polowych. A fungicydy na bazie miedzi zostały uznane za zgodne z *Beauveria* w wielu badaniach (Olmert i Kenneth, 1974, Aguda *i in.,* 1988; Ekesi *i in.,* 1999; Jaros *i in.,* 1999). W późniejszych badaniach stwierdzono, że grzyby te mają podwyższony poziom tolerancji na miedź. W rzeczywistości miedź jest wykorzystywana w podłożu do selektywnego wzrostu grzybów entomogenicznych (Booth and Shanks, 1998). Ogólna przewaga tolerancji na środki grzybobójcze na bazie miedzi w *Beauveria sprzyja* przekonaniu, że w rzeczywistości jest to Ascomyctes z kruszyca jako jego fazy seksualnej (Loria *i in.,* 1983). Fungicydy na bazie miedzi okazały się najmniej hamujące spośród różnych badanych fungicydów, więcej zwłok grzybów zainfekowanych przez *Beauverię* znaleziono na polach, na których stosowano fungicydy na bazie miedzi niż inne fungicydy (Jaros *i in.,* 1999). Jednak w niniejszym badaniu miedź była umiarkowanie tolerowana przez *Beauveria* w niższym stężeniu, a następnie Chlorotahlonil, Ridomil MZ, Captan, Thiram i Mancozeb. Podobne obserwacje zgłosiły Sharma i Gupta (1998) oraz Gupta *i in.* ,

(2002), które stwierdziły, że oksychlorek miedzi, chlorotalonil, Ridomil MZ, Captan, Thiram i Mancozeb były umiarkowanie tolerowane przy najniższym stężeniu wynoszącym 10 ppm. W niniejszym badaniu karbendazym i metyl tiofanatu nie były tolerowane przez *Beauverię*. Podobne obserwacje zgłosiły Sharma i Gupta (1998), a Gupta *i in.* (2002) poinformowały, że karbendazym i metyl tiofanatu nie mogą być tolerowane przez *Beauveria* nawet przy niskim stężeniu wynoszącym 10 ppm.

Kultury stworzone przez talibów

Sformułowana kultura *Beauveria bassiana* dla jej komercyjnego rozmnażania przedstawiona jest na rycinie 9. W celu wykorzystania grzyba jako czynnika mikrobiologicznego przeciwko szkodnikom z rzędu lepidopteronów żywiącym się palmami oleistymi, komercyjna receptura na bazie talku została wprowadzona poprzez zmieszanie kultur bulionowych z talkiem w proszku w stosunku 1:2. Stężenie zarodników obecnych po zmieszaniu zostało zaobserwowane przy użyciu metody liczenia zarodników. Produkt końcowy został użyty do zbadania skuteczności przeciwko szkodnikom w warunkach polowych. W obecnym badaniu suchy preparat konidialny wykazał dłuższy okres trwałości w porównaniu z preparatem z zarodnikami blastosporu. Okres przechowywania kultury talku był utrzymywany do 18 miesięcy od momentu zapakowania. Stężenie w liczbie zarodników obniżono z ^{106} do ^{103} w ciągu 18 miesięcy. Podobne obserwacje zanotował Muller-Kogler (1967), który stwierdził, że suszone zarodniki są krótkotrwałe niż konidia. Masową hodowlę zarodników uzyskano u *B. bassiany* (Samsinakova, 1966; Kawakami, 1967), *B. tenelli* (Cordon i Schwartz, 1962). Sproszkowany preparat *B. bassiana*, który pierwotnie został wyizolowany w Brazylii, został przygotowany w talku (uwodniony krzemian magnezu), silkagelu, sproszkowanym ryżu i skrobi kukurydzianej, które były przechowywane w różnych temperaturach, tj. 15-380C, 6-2 ^{oC} i 7-10 ^{oC}.

Badania *in vitro* skuteczności działania *Beauveria bassiana* przeciwko szkodnikom z Lepidopteronu z palmy olejowej

W celu ustalenia skuteczności działania grzyba jako czynnika mikrobiologicznego, w laboratorium do stosowania na badanych organizmach zastosowano hodowle bulionowe *Beauveria bassiana w* różnych stężeniach, a mianowicie 10-1, 10-2 i 10-3. Badanymi organizmami były psychidy (Bagworworms), robaki liściowe i gąsienice ślimaków. Skuteczność hodowli *Beauveria bassiana* na tych organizmach pokazano na rys. 10-12. Obserwację inicjacji wzrostu grzybów na tych organizmach przeprowadzono w różnych dniach po zastosowaniu. W dniach 10-1 i 10-2 po czterech dniach aplikacji odnotowano obfity wzrost grzyba na martwych szkodnikach, natomiast w rozcieńczeniu 10-3 wzrost ten obserwowano po siedmiu dniach aplikacji.

Badanie patogeniczności w celu potwierdzenia wpływu *Beauveria bassiana* na śmiertelność szkodników

W celu potwierdzenia śmierci szkodnika przy zastosowaniu różnych stężeń czynnika mikrobiologicznego przeprowadzono ponowne zaszczepienie hodowli z tych martwych szkodników na podłożu agarowym Dekstroza ziemniaczana. Obfity wzrost *Beauveria bassiana zaobserwowano* w ciągu 3 dni po inokulacji. Potwierdza to, że śmierć owada była spowodowana grzybem. Patogen został ponownie wyizolowany z zainfekowanej pajęczyny liściowej i ponownie zaszczepiony do świeżych pajęczyn liściowych w celu ustalenia postulatów Kocha i ponownego zaobserwowania występowania choroby po ponownym zarażeniu. Objawy choroby zostały ponownie zauważone i podobne objawy również zostały odnotowane.

Badania przesiewowe pod kątem antagonistycznego działania *Trichoderma viride* na *B. bassiana*

Z danych wynikało, że natywnie wyizolowany *wirus Trichoderma viride* podczas badań przesiewowych pod kątem jego antagonistycznej aktywności na *B. bassiana* techniką podwójnej hodowli okazał się inhibitorem wzrostu grzybni *B.*

bassiana w warunkach *in vitro*. Procentowe zahamowanie wzrostu grzybni przez *Trichoderma viride* na B. *bassiana* wynosiło 83,3%. Praca ta została przeprowadzona w celu oceny, czy obie kultury mogą być stosowane na uprawie w tym samym czasie, ponieważ *Trichoderma viride* może być stosowany jako fungicyd, a *B. bassiana* jako entomopatogen, jednak wyniki przewidują, że nie mogą być stosowane na polu jednocześnie, ponieważ *Trichoderma viride* hamuje wzrost *B. bassiana w* maksymalnym stopniu (tabela 8; ryc. 13). Dane dotyczące aktywności antagonistycznej były zgodne z obserwacjami Srilakshmi *i wsp.* , (2001) na temat gatunków *Trichoderma* i *Aspergillus flavus*.

Wpływ pestycydów (*Beauveria bassiana* i Quinalphos) na populację zapylającego diabła

Liczby *Elaeidobius kamerunicus* (Zapylający Wróbel) były nieliczne w piątym dniu po zabiegu, podczas gdy tylko kilka floretów zostało otwartych, ale zostały zwiększone w siódmym dniu i znalazły się maksymalnie w jedenastym dniu, kiedy wszystkie florety zostały całkowicie otwarte. Następnie populacja stopniowo zmniejszała się w czternastym i piętnastym dniu, a od szesnastego dnia znaleziono bardzo niewiele wróbli. Jaja znaleziono białawe owalne z gładkim delikatnym chorągiewką. Istniały trzy larwalne instumenty. Cykl życia obserwowanych pęczków wahał się od 21 do 27 dni. Maksymalny cykl życiowy jest dla kontroli (27 dni), następnie dla leczenia *Beauveria bassiana* (25 dni), a najmniej dla leczenia Quinalphosem (21 dni). Zaobserwowano, że w kwiatostanie poddanym działaniu środka owadobójczego (Quinalphos) stwierdzono mniejszą liczbę wołów w porównaniu z tymi, w których nie stosowano żadnego środka chemicznego. Tendencja ta była taka sama we wszystkich stadiach życia z wyjątkiem populacji diabła. Zaobserwowano jednak wpływ preparatu *Beauveria bassianaw, który* jest dobrym środkiem mikrobiologicznym przeciwko wielu szkodnikom z Lepidopteronu, powodującym mniejszy wpływ na tego wróbla w porównaniu ze środkiem owadobójczym. Choć różnica ta nie była znacząca, to jednak niską populację można przypisać wpływowi czynnika biologicznego na różne stadia rozwojowe wołów (tabele 9-10; wykres 4).

Ocena skuteczności *Beauveria bassiana* na formularzach internetowych Leaf w terenie

We wszystkich zabiegach z zastosowaniem środka biokontrolującego, *Beauveria bassiana, jak również* pestycydów chemicznych, począwszy od trzeciego dnia po zabiegu, liczba robaków w pajęczynach liściowych zmniejsza się. Tendencja ta była zauważalna do 14 dni po zabiegu. Jednakże zaobserwowano wpływ *Beauveria bassiana,* która jest dobrym środkiem mikrobiologicznym przeciwko wielu szkodnikom z rzędu Lepidopteron, co spowodowało większy wpływ na ten szkodnik z rzędu Lepidopteron, na równi z wpływem insektycydów, które zostały poddane zabiegowi. Wskazuje to, że grzyb ten jest bardzo skuteczny i przyjazny dla środowiska. Dlatego może być stosowany zamiast chemicznych środków owadobójczych. (Tabela-11; Wykres-5)

Ekstrakcja, oczyszczanie i kwantyfikacja DNA

Pellet DNA *Beauveria bassiana* został otrzymany po przepłukaniu 70% etanolem w postaci białej, gęstej nitki jak masa. Uzyskane DNA zostało następnie określone ilościowo za pomocą spektrofotometrii i elektroforezy w żelu agarozowym. Zaobserwowano, że fragmenty DNA *Beauveria bassiana emitowały* pomarańczową fluoroscencję pod wpływem lampy UV (ryc. 14). Stwierdzono, że stosunek $_{A260/A280}$ dla DNA Beauveria bassiana wynosi 1,9 spektrofotometrycznie. Badanie to wykazało, że metoda przyjęta do ekstrakcji, oczyszczania i kwantyfikacji DNA jest odpowiednia do badań molekularnych *Beauveria bassiana.*

Amplifikacja genu *Bbchit1 Beauveria bassiana* poprzez reakcję łańcuchową polimerazy (PCR) i sekwencjonowanie

Amplifikowany fragment DNA podczas elektroforezy w żelu agarozowym był dobrej jakości. Następnie próbka była eluowana i sekwencjonowana, a sekwencja amplifikowanego produktu była następująca.

AGCTGAAATGTTCATGTTAGGTA

Sekwencja wzmocnionego produktu miała 1087 podstaw. Sekwencja po uderzeniu BLASTa udowodniła, że posiadała otwartą ramkę odczytu kodującą enzym egzochitynazę kodowaną 1051 bazami. Dlatego też gen ten został następnie wykorzystany do klonowania w odpowiednim wektorze do badań ekspresji genu (Rys.15).

Budowa i charakterystyka transformatorów *B. bassiana* nadprodukujących endochitynazę Bbchit1

B. bassiana była transformowana za pomocą plazmidu dwuskładnikowego pBANF-bar-pAN-Bbchit1, w którym gen *Bbchit1* umieszczono za konstytutywnym promotorem *gpd, za* którego pośrednictwem *A. tumefaciens* i transformatory dobrano na podstawie odporności na herbicydy. Otrzymano i przeanalizowano 50 kolonii odpornych na herbicydy. W podłożu z soli bazowej uzupełniano je glukozą, która hamowała rodzimą produkcję Bbchitu1. Trzy transformatory wykazywały istotnie większą aktywność chitynazy niż szczepy dzikie. Produkowaną przez te transformatory chitynazę analizowano dalej, izolując białko w czystej postaci i oznaczając jego aktywność enzymatyczną (rys.16).

Analiza ekspresji genów

Enzym chitynaza została wytrącona przez nasycenie 35% i 70% siarczanem amonu, a enzym chitynaza została otrzymana w 70% frakcji. Tę frakcję enzymatyczną, po poddaniu jej dializie, otrzymano czystą frakcję. Tę czystą frakcję poddano dalszemu oczyszczeniu metodą chromatografii anionowymiennej i zebrano eluent. Eluent ten został sprawdzony za pomocą elektroforezy w żelu SDS-Poliakrylamidowym, a pasmo odpowiadające 35 KDa oznaczało, że eluentem była egzochitynaza. (Rysunki.17-18)

Określenie trójwymiarowej struktury egzochitynazy *Beauveria bassiana*

Białko Bbchit1, które koduje egzochitynazę *Beauveria bassiana*, nie ma 3-wymiarowej struktury dostępnej w PDB (banku danych białek), ponieważ 3-wymiarowa struktura nie została wyjaśniona ani za pomocą badań rentgenowsko-krystalograficznych ani badań NMR. Sekwencja białek została poddana badaniu PSI-BLAST w NCBI z sekwencji DNA otrzymanej w wyniku sekwencjonowania. Sekwencjonowana sekwencja DNA była

AGCTGAAATGTTCATGTTAGGTA

Sekwencja białek otrzymana przez PSI-BLAST w KBCI wynosiła

1 atggctccttttcttcaaaccagcctcgggctccttccattgttg

M A P F L Q T S L A L L P L L

46 gcttccaccatggtcagcgcctcgcccttggcgccggagccggc

A S T M V S A S P L A P R A G

91 acctgcgccaccaaaggccggggccggcaaagtgctccagggc

T C A T K K G R P A G K V L Q G

136 tactgggagaactgggacggtgccaagaacggtgcaccctccg

Y W E W E W N D G A K N G V H P P P

181 tttggctggacgcccatccaaaaccccgacattcgcaagcacggc

F G W T P I Q N P D I R K H G

226 tacaacgtcatcaatgctgcctttcatcatcatcatcagcctgacggc

Y N V I N A F F I Q P P D G

271 accgcgctctgggaggacggcatggacacgggcgtcaaggtggcg

T A L W E D G M D T G V K V A

316 agcccggccgacatgtggggaggccaaggagcagtgccaccatc

S P A D M C E A K A K A G A T I I

361 ttgatgtcgattgattggcggtgctactgcggccattgacctgagctcg

L M S I G A G A T A D A I D L S Y

406 tcggctgtgggacaagtttgtctcgaccattgtgccgattctg

S A V A D K F V S T I V P I L

451 aaaaagtacaactttgacggatcattgatcgacattgaatccggc

K Y N F O R M A C J E D O T Y C Z Ą C E D Z I A Ł A Ń

496 ctcacaggcagcggaaacataaacaccctgtccacctcgcagacc

L T G S G N I N T L S T S Q T

541 aacctgattagaatcattgacggcgttctcgggcagatgcccgcc

N L I R I I D G V L A Q M P A

586 aactttggcttgaccatggcgccagagactgcctacgttaccggt

N F G L T M A P E T A Y V T G

631 gggactattacggactattacggatcaattacctccatt

G T I T Y G S I W G S Y L P I

676 atcaaaaagtacctggacacaatgggtgtctggtgtgtgggg

I K K I L D N G R L W W W L N M

721 cagtactacaatggcgaaatgtacggctgctccggcgactcgcac

P R Z E D S I Ę B I O R S T W O K O L E J N Y C H

766 aaggccggtactgtcgaaggattcattgctcagaccgactgcctg

K A G T V E G F I A Q T D C L

811 aacaagggacttagtattcagggcgtgacaatcacgattccctat

N K G L S I Q G G V T I T I P Y

856 gacaagcaagtgcctggccttcctgcccagcagcagcctggctggcggc

D K Q V P P G L P A Q P G A G G

901 ggccacatgtccgtccaacgtggcgcaagttctctcccactac

G H M S P S N V A Q V L S H Y

946 aagggcgctttgaagggattgatgactgatgactgaactgac

K G A L K G L M T W S L N W D

991 ggctccaagaattggacatttggcgacaatgtcaaggaaggaatttg

G S K N W T F G D N V K G T L

1036 gggactgcgtaa 1047

G T A *

Cała sekwencja składała się ze 1083 zasad, z czego 1047 zasad oznaczało białko. Poniżej przedstawiono kolejność sekwencyjną przetłumaczonego polipeptydu.

Tłumaczenie="MAPFLQTSLALLPLLASTMVSASPLAPRAGTCATKGRPAGK VLQ

GYWENWDGAKNGVHPPFGWTPIQNPDIRKHGYNVINAAFPIIQPDGTALW
EDG

MDTGVKVASPADMCEAKAAGATILMSIGGATAAIDLSSSAVADKFVSTIVP
ILKK

YNFDGIDIESGLTGSGNINTLSTSQTNLIRIIDGVLAQMPANFGLTMAPETAY
V

TGGTITYGSIGSYLPIIKKYLDNGRLWWLNMQYYNGEMYGCSGDSHKAGT
VEG

FIAQTDCLNKGLSIQGVTITIPYDKQVPGLPAQPGAGGGHMSPSNVAQVLS
HYK

GALKGLMTWSLNWDGSKNWTFGDNVKGTLGTA"

W analizie BLAST nie było ani identycznej sekwencji, ani najbliższego sąsiada. Tak więc przy użyciu Prositu przeszukano sekwencję w poszukiwaniu znanych motywów i jednostek funkcjonalnych. Narzędziem wykorzystywanym w tym celu była Prosita na stronie www.expasy.org/prosite. Enzym egzochitynazowy był kodowany przez 348 aminokwasów o masie cząsteczkowej 36736,9, a jego teoretyczny pI wynosił 6,2. Skład aminokwasów enzymu egzochitynazy był następujący.

Skład aminokwasów

Ala (A) 34 9,8

Arg (R) 5 1,4%

Asn (N) 18 5,2%

Asp (D) 18 5,2%

Cys (C) 4 1,1%

Gln (Q) 12 3,4%

Glu (E) 7 2,0%

Gly (G) 43 12,4%

Jego (H) 5 1,4%

Ile (I) 25 7,2%

Leu (L) 29 8,3%

Lys (K) 18 5,2%

Met (M) 11 3,2%

Phe (F) 8 2,3%

Pro (P) 21 6,0%

Ser (S) 24 6,9%

Thr (T) 27 7,8%

Trp (W) 10 2,9%

Tyr (Y) 12 3,4%

Val (V) 17 4,9%

Pyl (O) 0 0 ,0%

Sek (U) 0 0 ,0%

(B) 0 0.0%

(Z) 0 0.0%

(X) 0 0.0%

Całkowita liczba ujemnie naładowanych pozostałości (Asp + Glu): 25

Całkowita liczba dodatnio naładowanych pozostałości (Arg + Lys): 23

Skład atomowy

Węgiel C 1646

Wodór H 2557

Azot N 431

Tlen O 492

Siarka S 15

Formuła: C1646H2557N431O492S15

Całkowita liczba atomów: 5141

Współczynniki ekstynkcji

Współczynniki ekstynkcji były w jednostkach M-1 cm-1, przy 280 nm mierzonej w wodzie.

Współczynnik Ext. 73130

Abs 0,1% (=1 g/l) 1,991, przy założeniu, że wszystkie pozostałości Cys występują jako półcystyny

Współczynnik Ext. 72880

Abs 0,1% (=1 g/l) 1,984, przy założeniu, że nie występują pozostałości Cys jako półcystyny

Szacowany okres półtrwania

N-końcówka rozpatrywanej sekwencji to M (Met).

Szacowany okres półtrwania jest: 30 godzin (retikulocyty ssaków, in vitro).

>20 godzin. (Drożdże, in vivo).

>10 godzin (Escherichia *coli,* in vivo).

Wskaźnik niestabilności

Wskaźnik niestabilności (II) został obliczony na 30,57. To zaklasyfikowało białko jako stabilne.

Indeks alifatyczny: 84.45

Wielka średnia hydropatyczność (GRAVY): -0,018

Trafienia dla wszystkich motywów PROSITE (wersja 20.34) w sekwencji USERSEQ1 znaleziono 1 trafienie w 1 sekwencji. Trafienia z PS01095 uznały, że należy on do rodziny chitynaz 18, a aktywne miejsce znajdowało się w przedziale 155 - 163 aminokwasów, a aminokwasy składające się na aktywne miejsce to FDGIDIE spośród wszystkich 348 aminokwasów składających się na ten enzym. Chitynazy (EC 3.2.1.14) są enzymami katalizującymi hydrolizę wiązań β-1,4-N-acetylo-D-glukozaminy w polimerach chityny. Z punktu widzenia podobieństwa sekwencyjnego chitynazy należą do rodziny 18 lub 19 w klasyfikacji hydrolaz glikozowych [2,E1]. Chitynazy z rodziny 18 (znane także jako klasy III lub V) grupują różne białka. Chitynazy prokariotowe, takie jak *Alteromonas, Bacillus, Serratia*, *Streptomyces* itp., rośliny takie jak Arabidopsis, ogórek, fasola, tytoń itp. Grzyby takie jak *Aphanocladium*, *Rhizopus*, *Saccharomyces* itp., Nicień (*Brugia malayi*), Owady (*Manduca sexta*), Bakulowirusy (*Autographa californica*, wirus polihedrozy jądrowej), inne białka Hewaminy, białko drzewa gumowego z aktywnością chitynazy i lizozymu (WE 3.2.1.96). Mammalian di-N-acetylchitobiase, które bierze udział w degradacji glikoprotein powiązanych ze szparaginą, Human cartilage glycoprotein Gp-39, Jack bean concanavalin B (conB), białko, które straciło swoją aktywność katalityczną. Eksperymenty z mutagenezą prowadzone w ośrodku oraz dane krystalograficzne wykazały, że konserwowany glutaminian jest zaangażowany w mechanizm katalityczny i prawdopodobnie działa jako dawca protonów. Glutaminian ten znajduje się na skraju najlepiej zachowanego regionu w tych białkach.

Sekcja techniczna

Metoda PROSITE (z narzędziami i informacjami) objęta niniejszą dokumentacją [LIVMFY] - [DN] - G - [LIVMF] - [DN] - [LIVMF] - [DN] - x - E E jest aktywną pozostałością miejsca. Wszystkie są podobne, z wyjątkiem conB, który ma Gln zamiast Glu w aktywnym miejscu. Zostało to potwierdzone poprzez wykonanie analizy Pfam - Protein Family Analysis (http://pfam.sanger.ac.uk/family?acc=PF00704). Analiza Pfam białka wykazała, że należy ono do rodziny: Rodzina *Glyco_hydro_18* (PF00704). Wyrównanie sekwencji białek (Bbchit) i zapytanie (1ITX)

#Query

>P1;test

sekwencja:test:::::::

MAPFLQTSLALLPLLASTMVSASPLAPRAGTCATKGRPAGKVLQGYWEN--
--WDGAKNGVHPPFGWTPIQ--NP

DIRKHGYNVINAAFPIIQP---
DGTALWEDGMDTGVKVASPADMCEAKAAGATI--LMSIGGATAAIDLS----
S

SAVADKFVSTIVPILKKYNFDGIDIESGLTGSGNINT---------- LSTSQTN--------
------ LIRII

DGVLAQMPANFGLT-MAPETAYVTGGTITYGSIW--------------------------------
------- G

SYLPIIKKYLDNGRLWWLNMQYYNGEMYGCSGDSHKAGTVE-
GFIAQTDCLNKGLSIQGVTITIPYDKQVPGL-P

AQPGAGGGHMSPSNVAQVLSHYKG-
ALKGLMTWSLNWDGSKNWTFGDNVKGTLGTA*

#Templat

>P1;1itxA

strukturaX:1itx: 33 :A: 451 :A:MOL_ID 1; MOLECULE GLYCOSYL HYDROLASE; CHAIN A; FRAGMENT CATALYTIC DOMAIN:MOL_ID 1; ORGANISM_SCIENTIFIC *Bacillus circulans*; ORGANISM_COMMON BACTERIA;: 1.10:-1.00

LQPATAEAADSYKIVGYYPSWAAYGRNYNVADIDIDPTKVTHINYAFADIC
WNGIHGNPDPSGPNPVTWTCQNEKSQTINVPNGTIVLGDPWIDTGKTFAGD
TWDQPIAGNINQLNKLKQTNPNLKTIISVGGWTWSNRFSDVAATAATREVF
ANSAVDFLRKYNFDGVDLDWEYPVSGGLDGNSKRPEDKQNYTLLLSKIRE

KLDAAGAVDGKKYLLTIASGASATYAANTELAKIAAIVDWINIMTYDFGA
WQKISAHNAPLNYDPAASAAGVPDANTFNVAAGAQGHLDAGVPAAKLVL
GVPFYGRGWDGCAQAGQYQTCTGGSSVGTWEAGSFYDLEANYINKNGYT
RYWNDTAKVPYLYNASNKRFISYDDAESVGYKTAYIKSKGLGLAMFWEL
S- .-GDRNKTLQNKLKADL---*

Następnie zastosowano alternatywną metodę wykrywania białka homologicznego, tj. metodę przewidywania fałdów. Istnieje automatyczny serwer do modelowania białek, który wyszukuje białko homologiczne poprzez przewidywanie fałdów, a sekwencje są modelowane z dużą dokładnością. Wygenerowany model został poddany kilku powtarzanym cyklom minimalizacji energii przy użyciu oprogramowania SPDBV, a ostateczny model poddano ocenie chemicznej stereo. Metodą przewidywania fałdu stwierdzono, że najlepszym homologiem jest struktura krystaliczna 1ITX (PDB ID) z bacillus circulans i przeprowadzono modelowanie. Wygenerowany model poddano kilkakrotnie powtarzanym cyklom minimalizacji energii za pomocą oprogramowania SPDBV, a ostateczny model poddano ocenie stereo chemicznej (rys. 19).

Pokaz aktywności chitynazy przez filtraty hodowlane

W celu oceny aktywności chitynazowej filtratu hodowlanego w postaci oczyszczonej oraz w postaci surowej we wszystkich dniach inokulacji do 15 dni przeprowadzono ocenę jego aktywności chitynolitycznej. Z tabeli wynika, że maksymalna aktywność chitynolityczna obserwowana była w siódmym dniu inokulacji, w obu przypadkach wynosiła 0,09µ mol/ml/min dla frakcji oczyszczonej i 0,06µ mol/ml/min dla ekstraktu surowego. Zauważono, że wraz ze wzrostem czasu inkubacji aktywność szybko rosła, a wraz z dalszym wzrostem czasu inkubacji aktywność malała (tabela 12; wykres 6).

Aktywność chitynazy przy różnym pH

W celu oceny aktywności chitynolitycznej przesączu hodowlanego *Beauveria bassiana* w różnych warunkach pH przeprowadzono badania aktywności chitynolitycznej. Zaobserwowano, że maksymalna aktywność chitynolityczna została zaobserwowana przy pH 5, które wynosiło 0,06 µ mol/ml/min. Maksymalną aktywność chitynolityczną bassiany obserwowano w zakresie łagodnych kwasów, a jej aktywność zmniejszała się wraz ze wzrostem baktyczności. Można to wywnioskować z obserwacji poziomu pH 4 do 9. W sumie daje to wrażenie, że badany organizm był w stanie wykazać maksymalną aktywność chitynolityczną na poziomie pH 5 (tabela 13; wykres 7).

Aktywność chitynazy w różnych temperaturach

W celu oceny aktywności chitynolitycznej filtratu z hodowli *Beauveria bassiana* w różnych warunkach temperaturowych przeprowadzono badania aktywności chitynolitycznej. Zaobserwowano, że maksymalna aktywność chitynolityczna została zaobserwowana w temperaturze ^{400C}, która wynosiła 0,05 µ mol/ml/minutę. Stwierdzono, że aktywność chitynolityczna wzrasta od ^{250C} do ^{400C}, a wraz ze wzrostem temperatury jej aktywność ponownie spada. Można to wywnioskować z obserwacji poziomów temperatury od ^{250C} do ^{600C}. W sumie daje to wrażenie, że badany organizm był zdolny do wykazania maksymalnej aktywności chitynolitycznej w temperaturze ^{400C} (tabela 14; wykres 8).

Dyskusja

.

Właściwości morfologiczne testowanego grzyba *Beauveria bassiana* są zgodne z ustaleniami Samsona (1980), Chowdhry'ego i Mathura (2000). Wskazuje to, że badany organizm wybrany do przeprowadzenia niniejszych badań był czystą formą *Beauveria bassiana.* Podobnie, obserwacje zarejestrowane na morfologii kolonii i grzybni powietrznej również były zgodne z oryginalnym grzybem. Spośród różnych pożywek testowanych na *Beauveria bassiana,* więcej zarodników znaleziono na bulionie ryżowym w proszku i dlatego uznano je za najlepsze pożywki do przeprowadzenia badań namnażania. Co więcej, jest to pożywka powszechnie dostępna dla wszystkich użytkowników, w tym rolników, którzy mogą rozwijać kulturę grzybów na poziomie swojego domu. Ponieważ jest on bardzo tańszy w porównaniu z konwencjonalnymi mediami laboratoryjnymi, takimi jak PDA, koszty będą drastycznie spadać przy wykorzystaniu obecnych mediów.

Nakładanie grzybów na szkodniki odbywa się poprzez zraszanie powietrzem poprzez mieszanie z wodą. Ponieważ produkcja zarodników przez grzyb odbywa się w większym stopniu przy pH 5-7, wskazuje to, że grzyb może dobrze funkcjonować, jeśli jest zmieszany przy tych poziomach pH. Jeśli woda jest kwaśna lub słona w zakresie powyżej 4 i 7, może to hamować wzrost i tym samym skuteczność. Podobnie, stężenie soli w wodzie jest poniżej 10%, może być przydatne do przeprowadzenia aplikacji bioagentu.

Czas śmierci termicznej *Beauveria bassiana zaobserwowano po* 30 minutach, co wskazuje na to, że grzyb nie będzie miał żadnego wpływu na zwalczanie szkodnika, ponieważ nie dojdzie do sporulacji, która jest bardzo potrzebna do jego komercyjnej postaci. Chociaż zaobserwowano niewielki wzrost między 21-27 minutami ekspozycji, może on nie być przydatny w przeprowadzaniu skutecznej kontroli. Dlatego też czas śmierci termicznej może zostać ustalony na 21 minut dla tego organizmu.

Punkt śmierci cieplnej dla *Beauveria bassiana* zanotowano w $^{\text{400C na}}$ podstawie braku wzrostu/ nieznacznych objawów wzrostu w $^{\text{400C}}$. Konieczne jest przeprowadzenie dalszych badań w tym aspekcie poprzez przeprowadzenie doświadczenia w dalszej niskiej temperaturze.

Promieniowanie ultrafioletowe jest szkodliwe, powodując działanie bakteriobójcze na mikroorganizmy. Jednakże, do 4 minut ekspozycji, nie może być szkodliwy dla wzrostu *Beauveria bassiana* wskazując, że komercyjna formuła może być zrównoważony w warunkach Andhra Pradesh, ponieważ emisja światła ultrafioletowego w tych sub-tropikalnych obszarach jak nie jest bardzo poważne.

Beauveria bassiana jest bardziej kompatybilna z nawozami i pestycydami. Z tego powodu może być bezpiecznie stosowana z nawozami chemicznymi, które dostarczają głównych składników odżywczych dla każdej uprawy. Podobnie, najnowsze środki owadobójcze, takie jak cyhalotryna lambda (syntetyczny pyretroid drugiej generacji), są bardziej kompatybilne w porównaniu z konwencjonalnymi pestycydami. Daje to wskazówkę, że jeśli przez przypadek grzyb zostanie zmieszany z tymi chemikaliami, wynikająca z tego skuteczność/ utrata może nie być poważna. Jednakże, środki grzybobójcze nie wykazały takiej zgodności. Wskazuje to wyraźnie, że nie jest wskazane mieszanie grzyba z fungicydami nieorganicznymi, ponieważ późniejsze znoszą działanie środka mikrobiologicznego. Nie zaleca się jednak mieszania czynników mikrobiologicznych z nieorganicznymi środkami chemicznymi jakiegokolwiek rodzaju. Jeśli jest to nieuniknione, można zachować 10-15 dniową przerwę pomiędzy tymi dwoma zastosowaniami.

Zastosowanie środka mikrobiologicznego przeciwko szkodnikom z lepidopteronu palmy olejowej, a mianowicie psychidom, robakom liściowym i gąsienicom ślimaków okazało się skuteczne w rozcieńczeniu 10-1. Dało to szybką śmiertelność w ciągu 4 dni od zastosowania, wskazując na skuteczność grzyba z liczbą zarodników wynoszącą ^{106} . Przy nieznacznym obniżeniu liczby zarodników stwierdzono wydłużenie czasu zgonu, co wskazuje na konieczność zwiększenia liczby zarodników w celu wywołania choroby, a tym samym śmierci organizmu. Stwierdza się zatem, że zwalczanie szkodników z rzędu lepidopteronów palmy oleistej przy użyciu czynnika mikrobiologicznego *Beauveria bassiana* przy liczbie zarodników ^{106} na ml jest niezbędne do osiągnięcia dobrych wyników. Potwierdza się to również poprzez ekstrakcję grzybów z martwych szkodników metodą ponownego zaszczepienia.

Na podstawie obserwacji wyników stwierdzono, że *Beauveria bassiana* dawała maksymalną liczbę zarodników, gdy była uprawiana na pożywce dekstrozy ziemniaczanej. Udowodniło to również, że jest w stanie skutecznie walczyć z regularnymi szkodnikami palmy olejowej, jeśli jest używana samodzielnie. Jeśli można uprawiać *Beauveria bassiana* w obecnie zoptymalizowanych warunkach, z pewnością można pójść na komercjalizację tej formuły biokontrolnej po szlakach polowych.

Śmierć szkodnika potwierdzono poprzez zastosowanie różnych stężeń czynnika mikrobiologicznego, ponowne zaszczepienie hodowli z tych martwych szkodników przeprowadzono na podłożu agarowym Dekstroza ziemniaczana. Obfity wzrost *Beauveria bassiana zaobserwowano* w ciągu 3 dni po inokulacji. Potwierdza to, że śmierć owada była spowodowana grzybem. Patogen został wyizolowany z zainfekowanych pajęczyn liściowych i ponownie zaszczepiony do świeżych pajęczyn liściowych, a podobne objawy chorobowe zostały odnotowane.

Oczywiste jest, że wyizolowany natywnie *Trichoderma viride wykazywał* antagonistyczne działanie na *B. bassiana* techniką podwójnej hodowli. Procentowe zahamowanie aktywności *Trichoderma viride* na B. *bassiana wynosiło* 83,3%. Niniejsze badanie zostało przeprowadzone w celu oceny, czy obie kultury mogą być stosowane na polu w tym samym czasie, ponieważ *Trichoderma viride* może być stosowany jako fungicyd i *B. bassiana* jako entomopatogen, ale można stwierdzić, że nie mogą być stosowane na polu w tym samym czasie, ponieważ *Trichoderma viride* maksymalnie hamuje wzrost *B. bassiana.*

Liczebność *Elaeidobius kamerunicus* (diabeł zapylający) wahała się od 21-27 dni po zastosowaniu pestycydów w porównaniu z kontrolą. Maksymalny cykl życia jest w przypadku kontroli (27 dni), a następnie *Beauveria bassiana* (25 dni) i najmniej w przypadku leczenia Quinalphosem (21 dni). Zaobserwowano, że w kwiatostanie poddanym działaniu środka owadobójczego (Quinalphos) stwierdzono mniejszą liczbę wołów w porównaniu z tymi, w których nie stosowano żadnego środka chemicznego. Tendencja ta była taka sama we wszystkich stadiach życia z wyjątkiem populacji diabła. Zaobserwowano jednak wpływ *Beauveria bassiana*, która jest dobrym środkiem mikrobiologicznym przeciwko wielu szkodnikom z Lepidopteronu, powodującym mniejszy wpływ na tego wróbla w porównaniu ze środkiem owadobójczym.

We wszystkich zabiegach, w tym w kontroli po zastosowaniu środków biokontrolujących, jak również pestycydów chemicznych, od trzeciego dnia po zabiegu, liczba robaków liściowych zmniejsza się. Tendencja ta była zauważalna do 14 dni po zabiegu. Spadek liczby szkodników nawet w zwalczaniu był spowodowany znoszeniem się pestycydów. Jednakże zaobserwowano wpływ *Beauveria bassiana*, która jest dobrym środkiem mikrobiologicznym przeciwko wielu szkodnikom z Lepidopteron, powodując większy wpływ na ten szkodnik z Lepidopteron w porównaniu z *Metarhizium* i innymi pestycydami.

Dobrej jakości DNA zostało wyizolowane z *Beauveria bassiana* i wzmocnione specyficznymi starterami w celu wyizolowania genu odpowiadającego *Bbchitowi1*, który koduje enzym egzochitynazy odpowiedzialny za patogenezę. Sekwencja amplifikowanego produktu składała się z 1051 zasad. Sekwencja po uderzeniu w BLAST stwierdziła, że jest to otwarta ramka do odczytu kodująca egzochitynazę. Gen ten został następnie wykorzystany do klonowania w odpowiednim wektorze do badań ekspresji genu.

B. bassiana została przekształcona za pomocą plazmidu dwuskładnikowego pBANF-bar-pAN-Bbchit1, w którym gen *Bbchit1* umieszczono za konstytutywnym promotorem *gpd, za* pośrednictwem *A. tumefaciensa,* a transformatory dobrano na podstawie odporności na herbicydy. Otrzymano i przeanalizowano 50 kolonii odpornych na herbicydy. W podłożu z soli bazowej uzupełniano glukozę, która hamowała rodzimą produkcję Bbchitu1. Trzy transformatory wykazywały istotnie większą aktywność chitynazy niż szczepy dzikie. Produkowaną przez te transformatory chitynazę analizowano dalej, izolując białko w czystej postaci i oznaczając jego aktywność enzymatyczną.

Enzym chitynaza została wytrącona przez nasycenie 35% i 70% siarczanem amonu, a enzym chitynaza została otrzymana w 70% frakcji. Tę frakcję enzymatyczną poddano dializie i otrzymano czystą frakcję. Tę czystą frakcję poddano dalszemu oczyszczeniu metodą chromatografii anionowymiennej i zebrano eluent. Eluent ten został sprawdzony za pomocą elektroforezy żelowej SDS-Poliakrylamid.

Białko Bbchit1, które koduje dla egzochitynazy *Beauveria bassiana*, nie ma trójwymiarowej struktury dostępnej w PDB (banku danych o białkach). Sekwencja białek została poddana badaniu PSI-BLAST w NCBI. W analizie wybuchowej nie było ani identycznej sekwencji, ani najbliższego sąsiada. Następnie zastosowano alternatywną metodę wykrywania białka homologicznego, tj. metodę przewidywania fałdów. Istnieje automatyczny serwer do modelowania białek, który wyszukuje białko homologiczne za pomocą przewidywania fałdów, a sekwencje są modelowane z dużą dokładnością. Wygenerowany model został poddany kilku powtarzanym cyklom minimalizacji energii przy użyciu oprogramowania SPDBV, a ostateczny model został poddany ocenie chemicznej stereo. Metodą przewidywania fałdów stwierdzono, że najlepszym homologiem jest struktura krystaliczna 1ITX (PDB ID) z bakterią *Bacillus circulans i przeprowadzono* modelowanie. Wygenerowany model poddano kilkakrotnie powtarzanym cyklom minimalizacji energii za pomocą oprogramowania SPDBV, a ostateczny model poddano ocenie stereo chemicznej i ostatecznie wyjaśniono strukturę trójwymiarową.

W celu oceny aktywności chitynazowej filtratu hodowlanego w postaci oczyszczonej oraz w postaci surowej we wszystkich dniach inokulacji do 15 dni przeprowadzono ocenę jego aktywności chitynolitycznej. Z tabeli wynika, że maksymalna aktywność chitynolityczna obserwowana była w siódmym dniu inokulacji, w obu przypadkach wynosząca 0,09 μ mol/ml/min dla frakcji oczyszczonej i 0,06 μ mol/ml/min dla ekstraktu surowego. Zauważono, że wraz ze wzrostem czasu inkubacji aktywność ta szybko rosła, a wraz z dalszym wzrostem czasu inkubacji aktywność ta spadała.

W celu oceny aktywności chitynolitycznej przesączu hodowlanego *Beauveria bassiana* w różnych warunkach pH i temperatury przeprowadzono badania aktywności chitynolitycznej. Zaobserwowano, że maksymalna aktywność chitynolityczna została zaobserwowana w pH 5 i temperaturze ^{400C}.

Tabele

Tabela.1: Wzrost *Beauveria bassiana* na różnych mediach

S. Nie .	Rodzaj mediów	Liczba zarodników na ml		
		10-1 Rozcieńczenie	**10-2 Rozcieńczenie**	**10-3 Rozcieńczenie**
1	Rosół łuskowy	1.07X106	0.46X106	0.132X106
2	Rosół z cukru łuskanego	1.29X106	0.704X106	0.058X106
3	Rosół ryżowy w proszku	3.32X106	0.574X106	0.046X106
4	Ryż w proszku - bulion cukrowy	2.84X106	0.448X106	0.10X106
5	Mielony rosół z ciastek	0.92X106	0.24X106	0.054X106

	orzechowych			
6	bulion PDA	0.932X166	0.164X106	0.06X106
7	Kokosowy bulion wodny	0.64X106	0.21X106	0.04X106
8	Rosół gliniany	Brak	Brak	Brak
9	Gliniany bulion cukrowy	0.052X106	0.021X106	0.014X106
10	Rosół cukrowy	Brak	Brak	Brak

Tabela 2: Populacje zarodników *Beauveria bassiana* w różnych poziomach pH

S. Nie .	poziomy pH	Liczba zarodników na ml		
		10-1 Rozcieńczenie	**10-2 Rozcieńczenie**	**10-3 Rozcieńczenie**
1	3	Brak	Brak	Brak
2	4	0.42 X106	0.08 X106	0.008 X106
3	5	0.80 X106	0.18 X106	0.032 X106

4	6	0.98 X106	0.29 X106	0.06 X106
5	7	0.89X106	0.24 X106	0.054 X106
6	8	0.52 X106	0.16 X106	0.018 X106
7	9	0.24 X106	0.02 X106	0.014 X106
8	10	Brak	Brak	Brak

Tabela 3: Intensywność wzrostu *Beauveria bassiana* przy różnych stężeniach soli

S.Nie	Różne stężenia soli (%)	Intensywność wzrostu
1	0.5	++++
2	5	+++
3	10	++
4	20	+
5	30	-

6	40	-
7	Kontrola	+ + + +

+ + + + : Maksymalny wzrost

+ ++ : Minimalny wzrost

+ : Lekki wzrost

- : Brak wzrostu

Tabela 4: Wpływ czasu ekspozycji na inokulum grzybowe i intensywność wzrostu

S.No.	Czas(min)	Intensywność wzrostu		
		Dzień obserwacji		
		1. dzień	drugi dzień	3 dzień
1	0	+ + +	+ + +	+ + +
2	3	+ +	+ +	+ +
3	6	+ +	+ +	+ +
4	9	+ +	+ +	+ +
5	12	+ +	+ +	+ +
6	15	+ +	+ +	+ +

7	18	++	++	++
8	21	+	+	+.
9	24	+	+	+
10	27	+	+	+
11	30	-	_	_

+++ : Maksymalny wzrost

++ : Minimalny wzrost

+ : Lekki wzrost

- : Brak wzrostu

Tabela 5: Wpływ temperatury na intensywność wzrostu *Beauveria bassiana*

S.Nie	Temperatura (^{oC})	Intensywność wzrostu		
		Dzień obserwacji		
		$^{1.}$ dzień	^{drugi} dzień	^{3} dzień
1	0	+++	+++	+++

2	40	+	+	+
3	50	-	-	-
4	60	-	-	-
5	70	-	-	-
6	80	-	-	-

++ : Maksymalny wzrost

+ : Niewielki wzrost

- : Brak wzrostu

Tabela 6: Wpływ promieniowania UV na wzrost *Beauveria bassiana*

Protokół	Pierwszy dzień		Drugi dzień		Trzeci dzień		Czwarty dzień		Dzień piąty	
	Z pokrywą	Bez pokrywy	Z pokrywą	Bez pokrywy	Z pokrywą	Bez pokrywy	Z pokrywą	Bez pokrywy	Z pokrywą	Bez pokrywy
Kontrola	+++	+++	+++	+++	+++	+++	+++	+++	+++	+++
1Min	+++	++	+++	+++	+++	+++	+++	+++	+++	+++
2 Min	+++	++	+++	+++	+++	+++	+++	+++	+++	+++
4 Min	+++	++	+++	+++	+++	+++	+++	+++	+++	+++
6 Min	++	++	+++	++	+++	+++	+++	+++	+++	+++
8 Min	++	+	++	+	+++	++	+++	++	+++	++
10 Min	++	+	++	+	++	+	++	+	++	+

+++ : Maksymalny wzrost

++ : Minimalny wzrost

+ : Lekki wzrost

Tabela 7: Sucha masa, średnica kolonii i procent inhibicji *B.bassiana* w kulturach bulionu i agaru

S.NO	Chemiczny	Kultury bulionowe		Kultury agarskie	
		Masa sucha(g)	Zahamowanie wzrostu (%)	Średnice kolonii (cm)	Zahamowanie wzrostu (%)
	Środki grzybobójcze				
1	Carbendazim	0	100	0	100
2	Tridemorph	0.76	58.33	1.06	57.33
3	Mancozeb	0	100	0	100
	Środki owadobójcze				
4	Monokrotofos	0.71	61.23	1	57.58
5	Lambda cyhalotryna	1.05	42.93	1.46	42.6
6	Quinalphos	0.89	43.29	1.46	41.3
	Nawozy				
7	Mocznik	1.2	27.35	1.86	25.3
8	Muriate z	1.02	44.56	1.46	41.3

	Potasu				
9	Superfosforan	1.34	26.8	1.9	24
10	**Kontrola**	1.84	0	2.5	0

Tabela 8: Antagonistyczne działanie *Trichoderma viride* na *B. bassiana*

Antagonistyczne grzyby	**Wzrost grzybni *B. bassiana.***	**Sposób działania**	
		Mikopasożytnictwo (+ lub -)	**Antybiotykoza (+ lub -)**
Trichoderma viride	15 (83.3)	+	+

Tabela.9: Cykl życia wołków w różnych zabiegach

Leczenie	**Cykl życia (Dni)**
Kontrola	27
Beauveria bassiana	25
Quinolphos	21

Tabela.10: Różne obserwowane etapy

Leczenie	Etapy rozwoju wołka zapylającego				
	Jajka	**Larvae**	**Pupae**	**Dorośli**	**Razem**
Kontrola	13	14.3	50.3	26	103.6
Beauveria bassiana	11.6	10	40	20	81.6
Quinolphos	10.6	12.3	33	15.6	71.5

Tabela.11: Liczba gąsienic na jeden listek dla każdego zabiegu

Zabiegi	Liczba gąsienic na jeden listek					
	Leczenie wstępne	**3 dni**	**5 dni**	**7 dni**	**14 dni**	**Średnia**
Kontrola	53	10	3	3	2	14.2
Beauveria bassiana	40	9	3	4	4	12
Monokrotofos	46	4	2	2	0	10.8
Phosphamidon	47	14	3	2	1	13.4

Karbofuran	46	37	24	18	10	27
Sanvex	51	39	26	15	7	27.6
Phorate	42	37	24	5	7	23

Tabela.12: Aktywność enzymatyczna chitynazy (surowej i oczyszczonej)

Dni	**Aktywność chitynazy**	
	Oczyszczony	**Surowy**
1	0.007	0.005
2	0.009	0.006
3	0.02	0.009
4	0.03	0.01
5	0.06	0.03
6	0.07	0.04
7	0.09	0.06
8	0.06	0.05
9	0.05	0.03

10	0.05	0.02
11	0.04	0.02
12	0.03	0.01
13	0.02	0.008
14	0.02	0.007

Tabela.13: Aktywność enzymatyczna chitynazy przy różnym pH

pH	**Aktywność chitynazy**
4	0.04
5	0.06
6	0.05
7	0.03
8	0.01
9	0.01

Tabela.14: Aktywność enzymatyczna chitynazy w różnych temperaturach

Temperatura	Aktywność chitynazy
25	0.025
30	0.03
40	0.05
50	0.02
60	0.008

Wykresy

Wykres.1

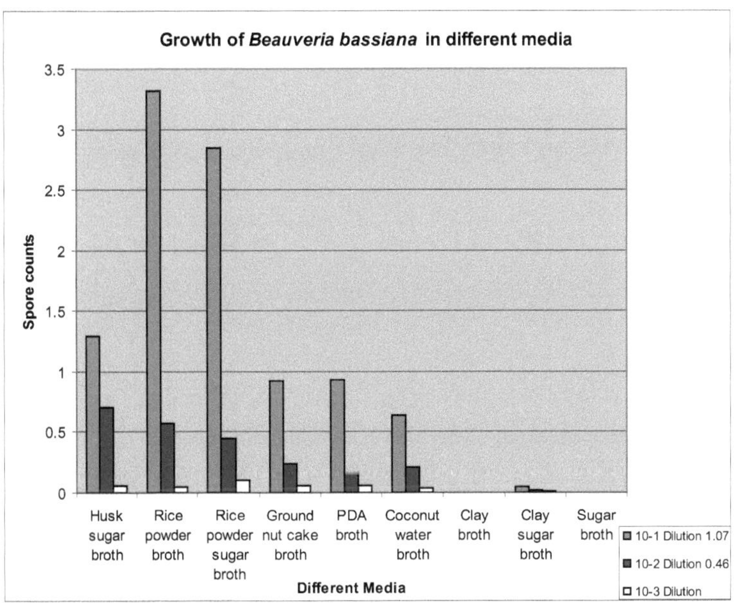

Wykres.2

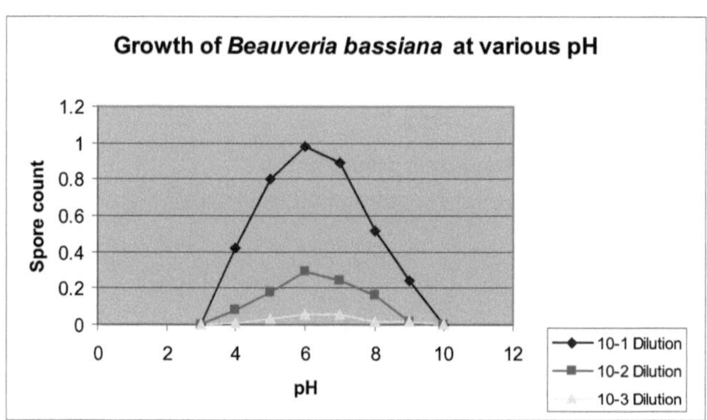

Wykres.3

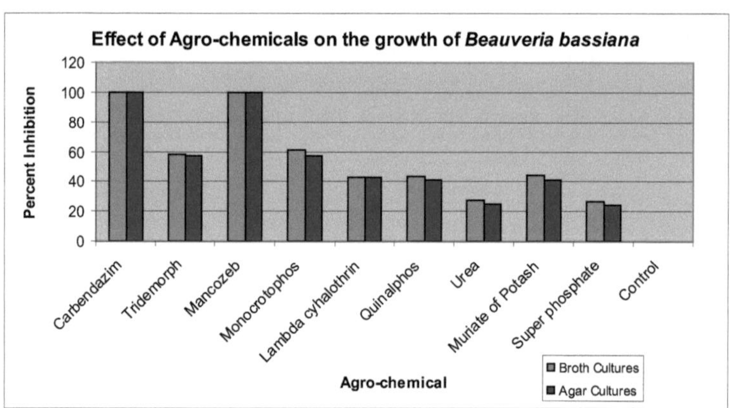

Wykres.4

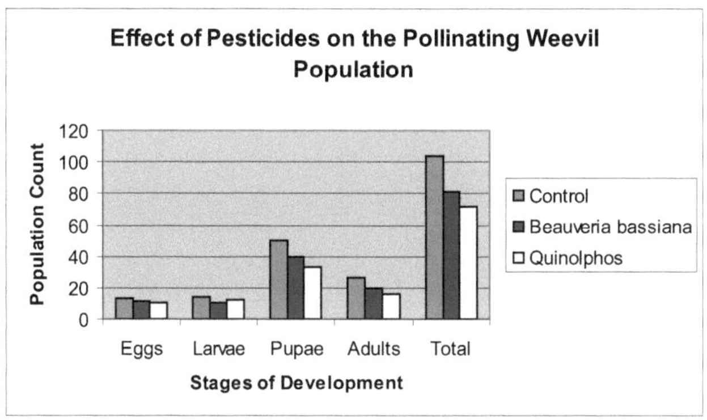

Wykres.5

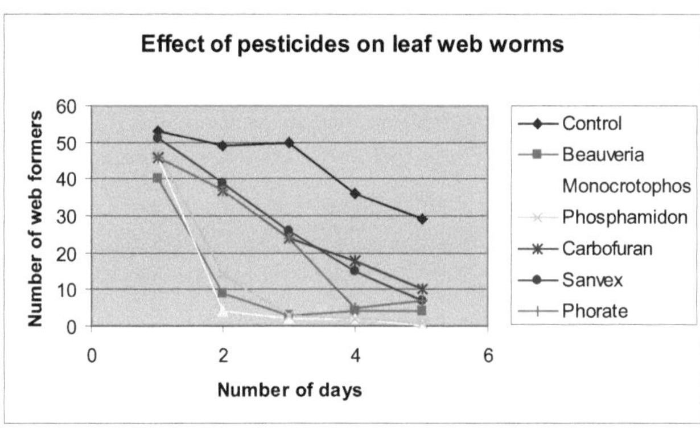

Wykres.6

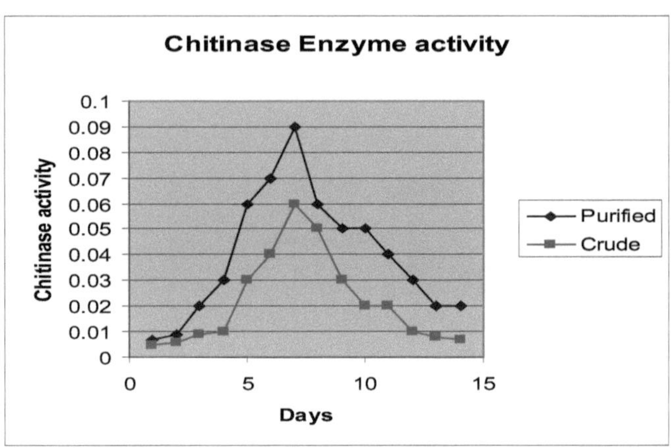

Wykres.7

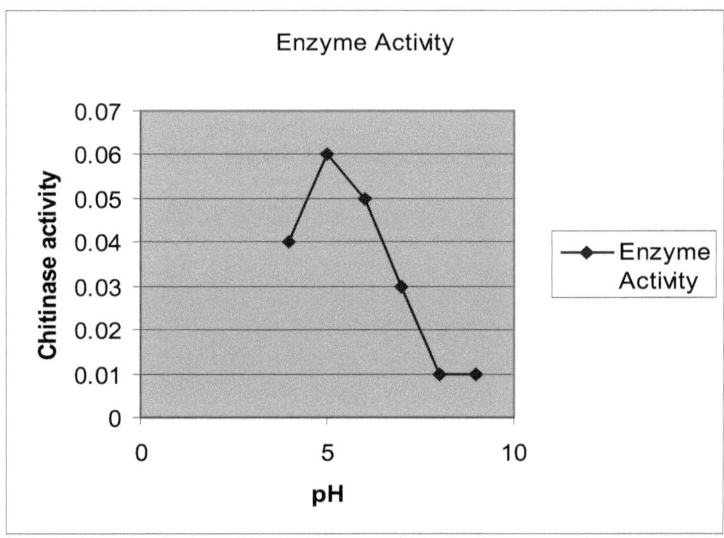

Wykres.8

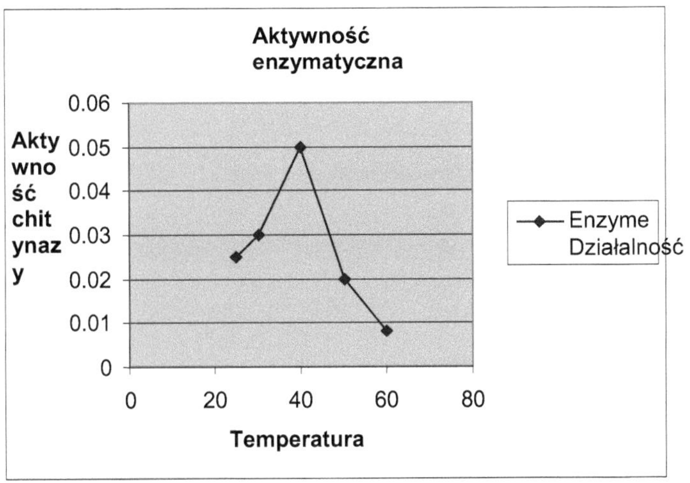
Aktywność enzymatyczna
Aktywność chitynazy
0.06
0.05
0.04
0.03
0.02
0.01
0
0
20
40
60
80
Temperatura
Enzyme Działalność

Dane liczbowe

Fig:1 **Lepidopteron Pests of Oil Palm**

Leaf eating caterpillar

Slug caterpillar

Bagworm

Damage symptom of Lepidopteron Pests on Oil Palm

Fig:2

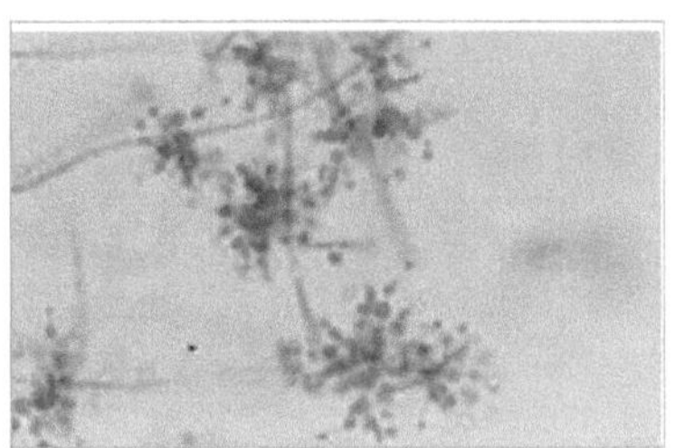

Conidiophores of *Beauveria bassiana*

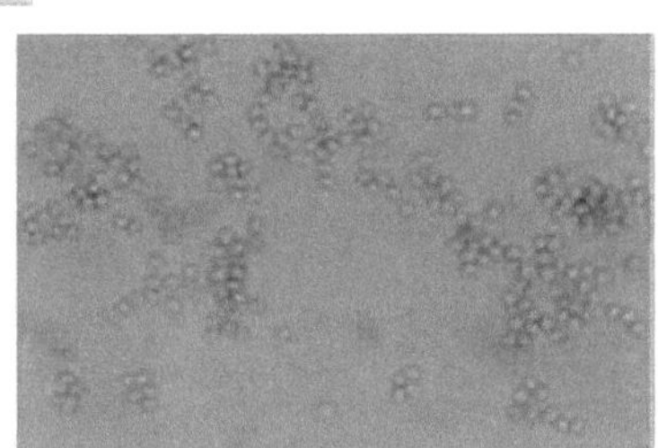

Conidia of *Beauveria bassiana*

Fig:3

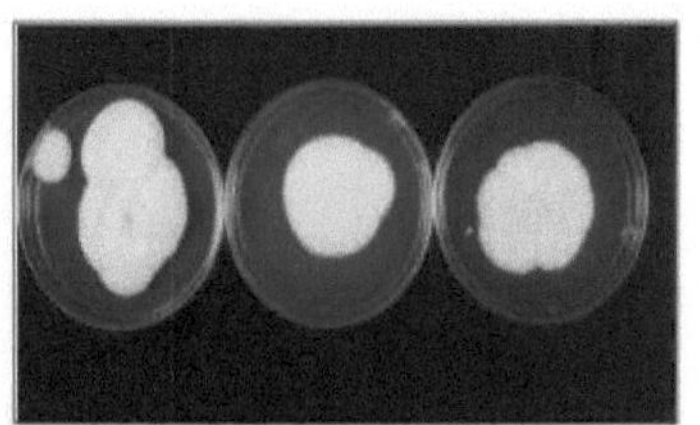

Beauveria bassiana on plates

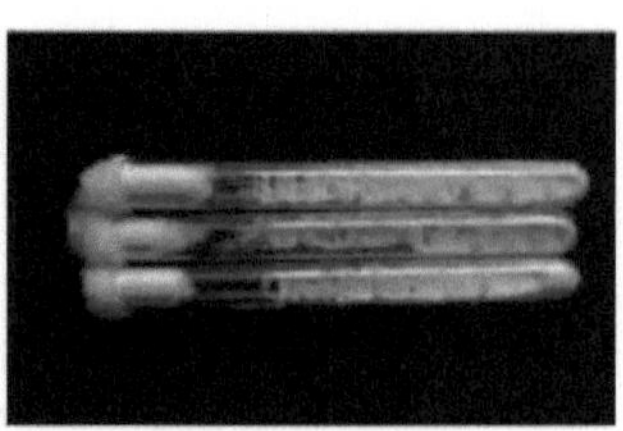

Beauveria bassiana on slants

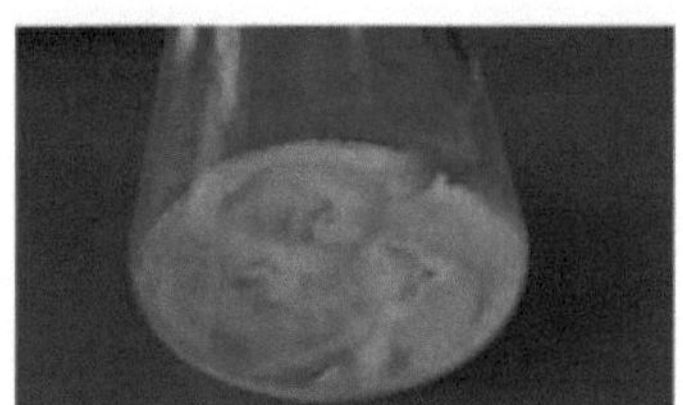

Beauveria bassiana on broth

Fig4: Growth of *Beauveria bassiana* on different media

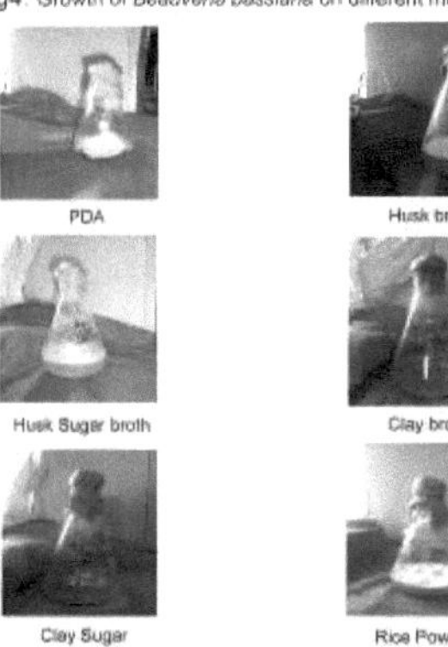

PDA

Husk broth

Husk Sugar broth

Clay broth

Clay Sugar

Rice Powder

Rice Powder Sugar

Sugar

Ground nut Cake

Coconut water

Fig 5: Growth of Beauveria bassiana at different salt concentrations

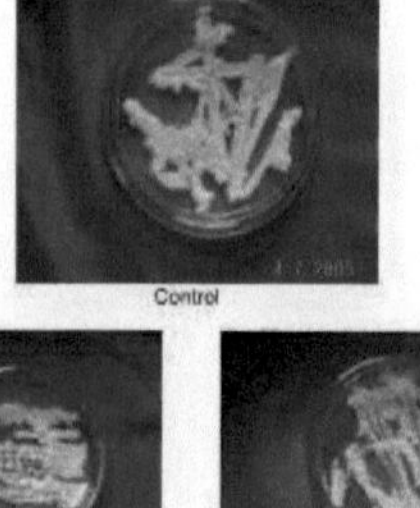

Control

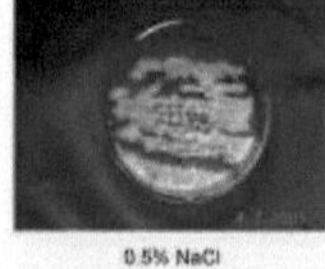

0.5% NaCl

5% NaCl

10% NaCl

20% NaCl

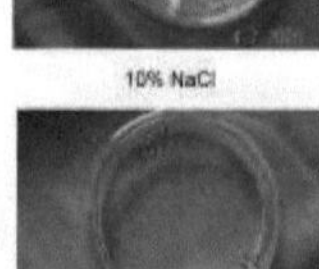

30% NaCl

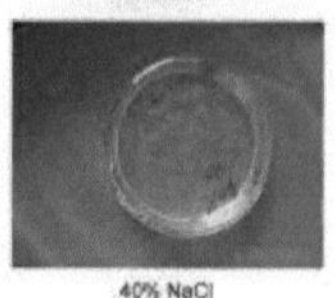

40% NaCl

Fig 6: Growth of *Beauveria bassiana* in broths with chemicals

Control

Lambda cyhalothrin

Carbendazim

Quinalphos

Mancozeb

Urea

Tridemorph

Murate of Potash

Monocrotophos

Super Phosphate

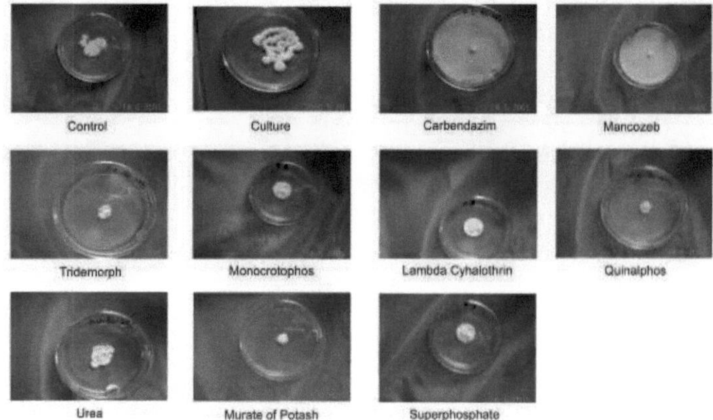

Fig 7: Growth zones of *Beauveria bassiana* on Agar media

Fig:8

Talc mixed culture of *Beauveria bassiana*

Talc formulated *Beauveria bassiana*

Bagworm, *Metisa plana* (Lepidoptera: Psychidae)

Bagworm

Fig:9

Infected Bagworm

Leaf eating caterpillar, *Ambadra* spp. (?) (Lepidoptera)

Leaf eating caterpillar

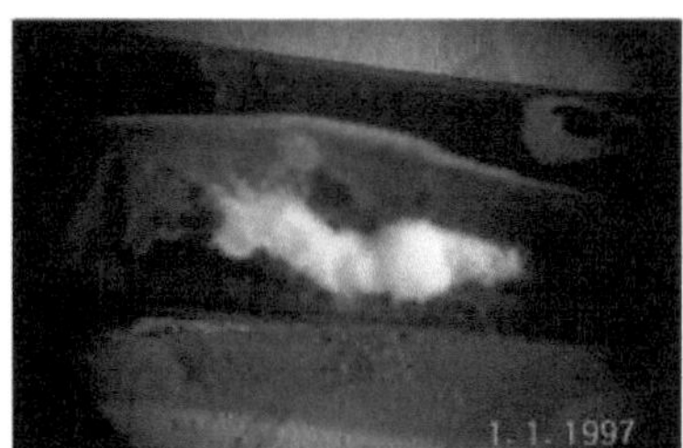

Infected Leaf eating caterpillar

Fig:10

Slug caterpillar: *Darna catenatus* Snellen

Slug caterpillar

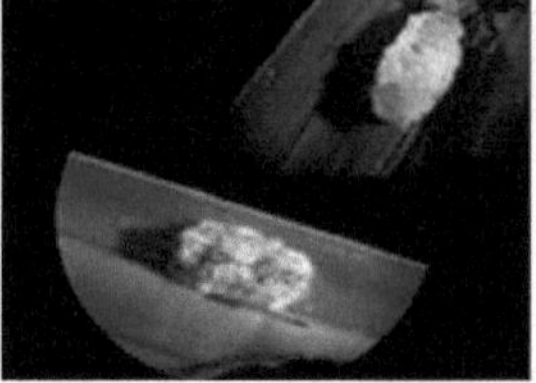

Fig:11

Infected Slug caterpillar

Rys.12 Antagonistyczne działanie *Trichoderma viride* na *B. bassiana*

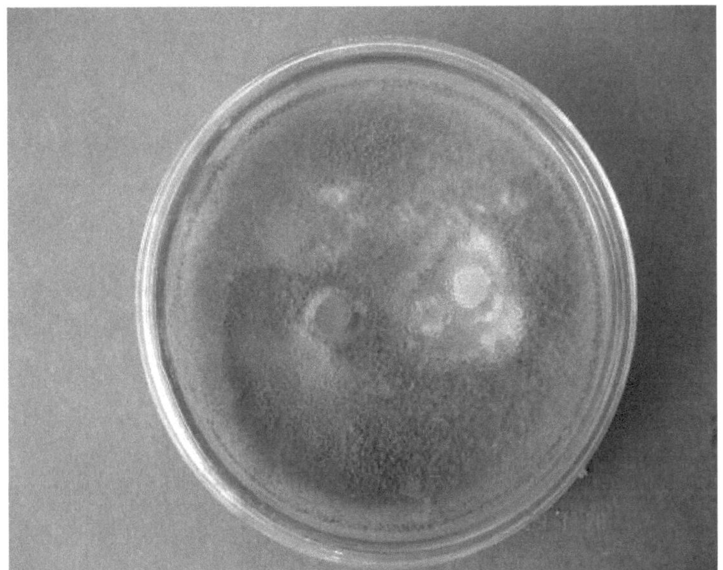

Rys. 13 Genomowe DNA *Beauveria bassiana*

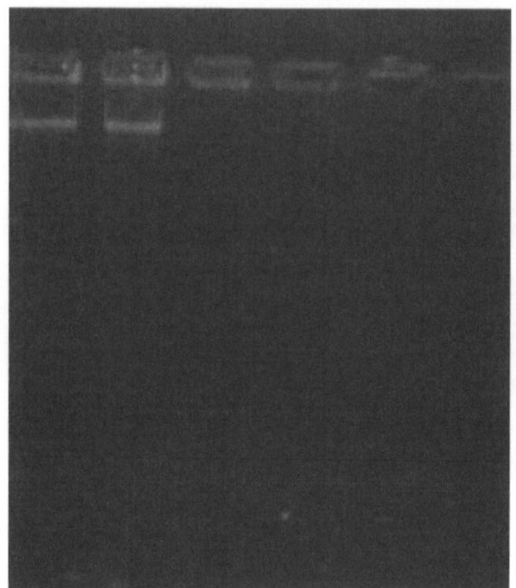

Rys.14. Wzmocniony produkt PCR

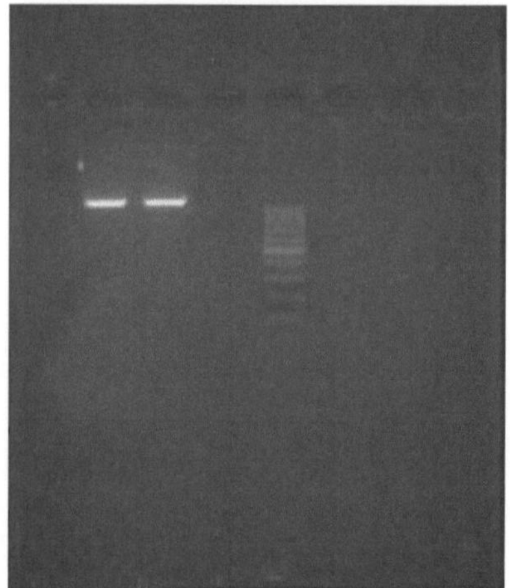

Rys.15 Schemat pBANF-bar-pAN-Bbchit1: Otwarta ramka odczytu genu B. *bassiana* chitynaza *Bbchit1* została wprowadzona 3I do sekwencji *Aspergillus nidulans* stanowiącej promotora *gpd* i 5I do sekwencji terminatora genu *A. nidulans TrpC.*

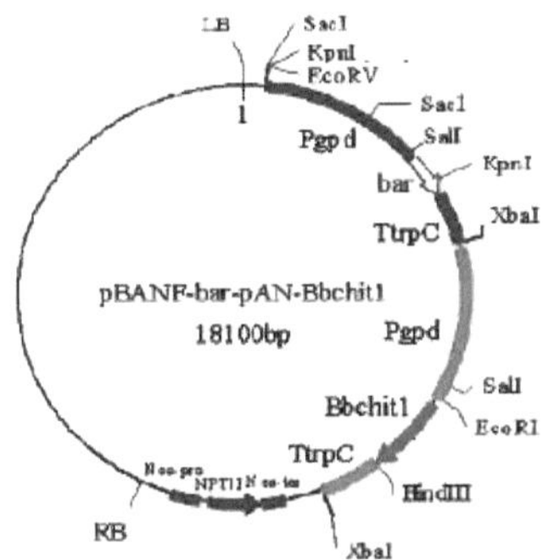

Pgpd- *A. nidulans* promotor *gpd*

bar- sekwencja kodująca gen acetylotransferazy fosfinotrycyny

TtrpC- sekwencja terminatora genu *TrpC A. nidulans*

Nos-pro- *A. tumefaciens Nos* promotor genu

Nos-ter- *A. tumefaciens Nos* terminator genu

NPTII- gen oporności na kanamycynę

LB- lewa granica

RB- prawa granica

Rys.16 STRONA SDS-PAGE przedstawiająca pasma chitynazowe

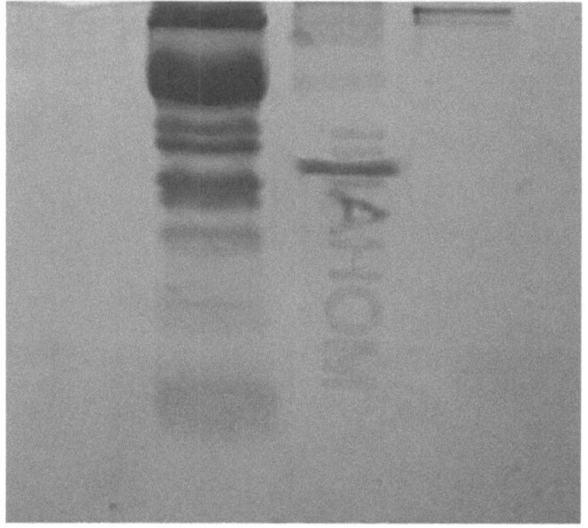

Rys.17 Chromatografia anionowo-wymienna

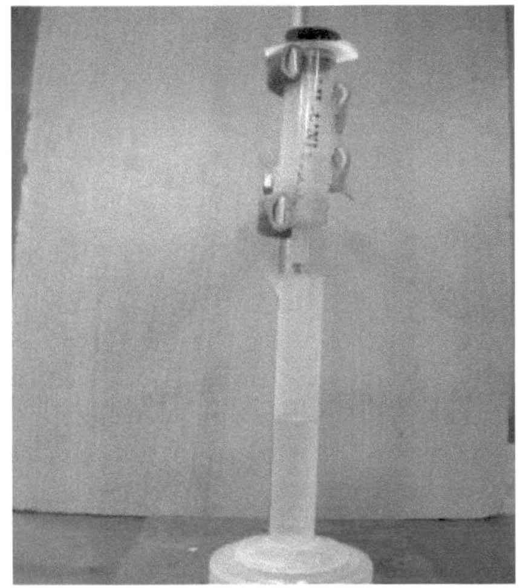

Rys.18 Trójwymiarowa struktura egzochitynazy *Bbchita1*

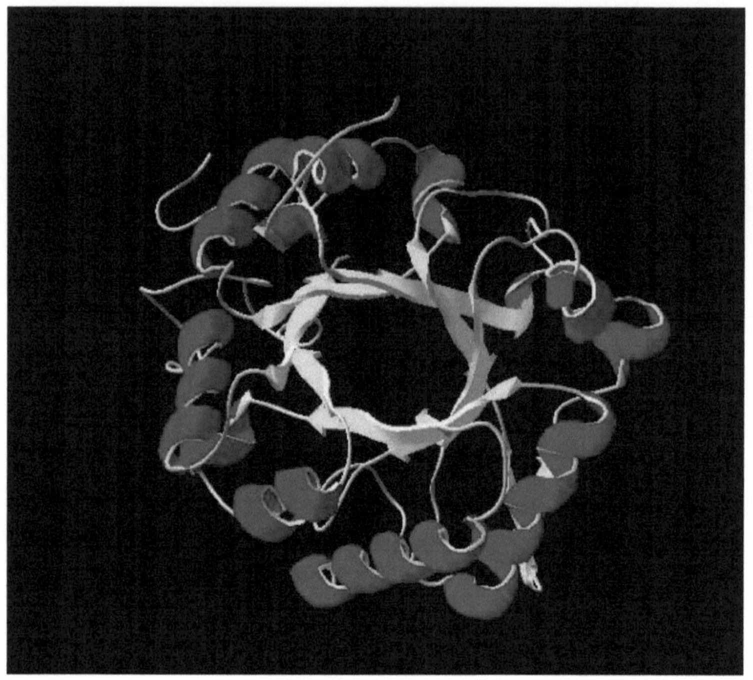

Podsumowanie i wnioski

Palma olejowa *Elaeis guineensis* (Jacq) ma ogromne znaczenie jako roślina uprawna w Indiach. Ma ona potencjał plonowania 4-6 ton oleju z hektara, co daje 50 000 ton rocznej produkcji w prawie 11 stanach. Uprawa palmy olejowej została obecnie rozszerzona do prawie 90.000 hektarów w jedenastu stanach. Palma olejowa ma kilka wszechstronnych cech w stosunku do corocznych upraw roślin oleistych, a mianowicie wysoką wartość odżywczą (bogatą w witaminy A i E), zapewnia zrównoważony dochód przez okres 25 lat, dodaje dużo substancji organicznych do gleby i dobrze nadaje się do środowiska przyjaznego dla środowiska.

Ogólnie rzecz biorąc, atak szkodników na palmę olejową jest bardzo niski. Zauważono jednak, że kilka z nich migruje z innych roślin, takich jak Kokos i Palmyrah. Są to: Nosorożec, Psychidy, Pajęczaki, Gąsienice ślimaków, Termity i Skale. Z tych Psychidów, Gąsienice Leśne i Gąsienice Ślimaki są podajnikami liści należącymi do rzędu Lepidoptera, które mogą pośrednio wpływać na zmniejszenie plonów do około 20%. Ustalono, że szkodniki z rzędu Lepidopteron mogą być skutecznie zwalczane przez *Beauverla basslana,* entomopatogen, który jest organizmem przyjaznym dla środowiska. *Beauveria bassiana jest grzybem* włóknistym należącym do klasy Deuteromycetów patogennych dla owadów (grzyb niedoskonały). Jest to agresywny grzyb grzyb entomopatogenny i pasożytniczy pochodzenia glebowego, który występuje na całym świecie. *Beauveria bassiana* ma dimorficzny tryb wzrostu. W przypadku braku konkretnego żywiciela owada, przechodzi on przez bezpłciowy cykl życia wegetatywnego, który obejmuje kiełkowanie, wzrost nitkowaty i tworzenie sympodulokonidii. Natomiast w obecności owada żywiciela, *Beauveria przechodzi* do patogenicznego cyklu życiowego tworzącego puszystą białą matę grzybni na skórze, powodując chorobę białych mięśni, która ostatecznie prowadzi do śmierci żywiciela.

Ze względu na znaczenie *Beauveria bassiana* jako potencjalnego czynnika biokontroli, niniejsza praca została podjęta poprzez badanie cech kulturowych i wzorca wzrostu grzyba w różnych warunkach fizykochemicznych i środowiskowych. Badania zostały rozszerzone poprzez opracowanie komercyjnego preparatu na dużą skalę, w celu zbadania jego skuteczności jako czynnika biokontroli różnych szkodników palmy olejowej, zarówno w zastosowaniach *in vitro*, jak i w terenie. Podjęto również próbę jego możliwego wpływu na zapylającego wróbla palmy olejowej poprzez wybór odpowiedniego wektora ekspresji, który przekształci się w gen *Bbchit1, gen* odpowiedzialny za patogenezę. Podjęto próbę zbadania aktywności enzymu chitynazy i jego oczyszczenia, a w niniejszej pracy badano również przewidywanie trójwymiarowej struktury tego enzymu. Zbadano również charakterystykę morfologiczną *Beauveria bassiana na podstawie* jej obserwacji mikroskopowej oraz porównania z typami kultur pozyskanych z ustalonych źródeł.

Nitki grzybni składają się z cylindrycznej struktury, często anastomingującej, hialinowej, septycznej i o szerokości 2,9-3,8 μm. Gdzie jako konidiofory są przeważnie rozgałęzione i cylindryczne, rzadko nierozgałęzione i podłużne w kształcie, zwykle rozwija się od grzybni pod kątem prostym w pobliżu przegrody i pojawia się na początku jako występy nowotworowe, które stopniowo pojawiają się do tworzenia hyphae jak elementy na głównym hipha i niedźwiedzie grupy / klastery komórek konidiogennych. Konidia są gładkie, globusowe do podglobowatych, a ich rozmiary wahają się od 3,2-3,7x2,9-3,0 μm. Obserwacje te przewidują, że wybrany organizm testowy był czystą formą *Beauveria bassiana.* Podobnie obserwacje zarejestrowane na morfologii kolonii i grzybni powietrznej również były zgodne z oryginalnym grzybem. Spośród różnych pożywek testowany rosół ryżowy w proszku z większą ilością zarodników został uznany za najlepsze podłoże do przeprowadzenia badań rozmnażania, co zostało odnotowane. Co więcej, jest to najczęściej dostępne i tańsze dla użytkowników, w tym rolników, w celu rozwoju kultur grzybów na ich progu w porównaniu do konwencjonalnych podłoży laboratoryjnych, takich jak Potato Dextrose Broth.

Badania biokontroli przeprowadzono poprzez powietrzne zastosowanie grzybów przeciwko szkodnikom w postaci preparatów wodnych. Ponieważ produkcja zarodników przez grzyb była większa przy pH 5 do 7, wskazuje to, że grzyb może dobrze funkcjonować, jeśli jest zmieszany przy tych poziomach pH. Interwencja odczynu pH wody może zahamować wzrost, a tym samym skuteczność organizmu. Zaobserwowano, że jeśli stężenie soli w wodzie jest niższe niż 10%, uznano za przydatne przeprowadzenie aplikacji bioczynnika. Zaobserwowano, że czas zgonu termicznego *Beauveria bassiana wynosi* 30 minut, co wskazuje, że grzyb nie będzie miał żadnego wpływu na szkodnika, ponieważ nie dojdzie do sporulacji, co jest bardzo istotne dla jego komercyjnego składu. Chociaż zaobserwowano niewielki wzrost między 21-27 minutami ekspozycji, może on nie być przydatny w przeprowadzaniu skutecznej kontroli, dlatego czas śmierci termicznej można ustalić na 21 minut. Temperatura śmierci cieplnej *Beauveria bassiana została odnotowana* w $^{400C\ \text{na podstawie}}$ braku wzrostu/ nieznacznych objawów wzrostu w ^{400C}. Potrzebne są dalsze badania w tym aspekcie poprzez przeprowadzenie eksperymentu nawet w dalszych niskich temperaturach. Zaobserwowano, że promieniowanie ultrafioletowe było szkodliwe, powodując działanie bakteriobójcze na mikroorganizmy. Stwierdzono jednak, że szkoda nie wystąpiła do 4 minut ekspozycji, co wskazuje, że opracowana komercyjna receptura może być zrównoważona w warunkach w Andhra Pradesh, ponieważ emisja światła ultrafioletowego w tych subtropikalnych obszarach nie jest bardzo poważna.

Badanie wykazało ponadto, że *Beauveria bassiana* jest bardziej kompatybilna z nawozami i pestycydami. Dlatego może być bezpiecznie stosowana z nawozami chemicznymi, które mogą dostarczyć głównych składników odżywczych dla każdej uprawy. Podobnie, najnowszy środek owadobójczy, taki jak syntetyczny pyretroid drugiej generacji (lambda cyhalothrin), jest bardziej kompatybilny z *Beauveria bassiana w* porównaniu z konwencjonalnymi pestycydami. W związku z tym można stwierdzić, że jeśli przez przypadek grzyb zostanie zmieszany z tymi środkami chemicznymi, wynikająca z tego skuteczność/ utrata może nie być poważna. Jednakże, fungicydy nie wykazały takiej zgodności. Wskazuje to wyraźnie, że nie było wskazane mieszanie grzyba z nieorganicznymi fungicydami, ponieważ późniejsze może zniweczyć działanie środka mikrobiologicznego. Ponadto nie zalecano mieszania środków mikrobiologicznych z nieorganicznymi środkami chemicznymi jakiegokolwiek rodzaju. Jeśli jest to nieuniknione, można zachować 10-15 dniową przerwę pomiędzy tymi dwoma zastosowaniami. Stwierdzono, że stosowanie środka mikrobiologicznego przeciwko szkodnikom z lepidopteronu palmy olejowej, a mianowicie psychidom, robakom liściowym i gąsienicom ślimaków, jest skuteczne w rozcieńczeniu 10-1. Rozcieńczenie to spowodowało szybką śmiertelność w ciągu 4 dni od zastosowania, wskazując na skuteczność grzyba z liczbą zarodników wynoszącą ^{106} . Przy nieznacznym obniżeniu liczby przetrwalników stwierdzono wydłużenie czasu zgonu, co wskazuje na konieczność posiadania wymaganej liczby przetrwalników do wywołania choroby, a tym samym doprowadzenia do śmierci organizmu. Wyniki wyraźnie przewidywały, że dla zwalczania szkodników z rzędu lepidopteronów palmy oleistej przy użyciu czynnika mikrobiologicznego *Beauveria bassiana* optymalna liczba przetrwalników wyniesie [106] na ml w celu osiągnięcia dobrych wyników. Badanie potwierdziło również, że ekstrakcja grzyba z martwych szkodników za pomocą metody ponownego zaszczepienia jest całkiem możliwa. Śmierć szkodnika została potwierdzona przez zastosowanie różnych stężeń czynnika mikrobiologicznego, przeprowadzono ponowną inokulację hodowli z tych martwych szkodników przy użyciu podłoża agarowego Dekstroza ziemniaczana (PDA). Badania wykazały obfity wzrost *Beauveria bassiana* w ciągu 3 dni po inokulacji potwierdzającej śmierć owada z powodu infekcji grzybiczej. Patogen został wyizolowany z zainfekowanego robaka zjadającego liście i ponownie zaszczepiony na świeżym żywicielu, co spowodowało podobne objawy choroby. Badania zgodności przeprowadzone z innymi drobnoustrojami wykazały, że grzyb *Trichoderma viride* miał właściwości antagonistyczne w stosunku do *B. bassiana.*

W próbie zbadania możliwego wpływu środków owadobójczych na owada zapylającego, *Elaeidobius kamerunicus, zaobserwowano,* że cykl życia owada na nieleczonych powierzchniach kontrolnych wynosił 27 dni i wahał się od 21 do 27 dni, co wskazuje na wpływ zabiegów na długość życia badanego organizmu. Natomiast na powierzchniach poddanych działaniu środka *Beauveria bassiana obecność wołka obserwowano* przez 25 dni w porównaniu z chemicznym środkiem owadobójczym (21 dni). Stwierdzono, że tendencja ta jest taka sama na wszystkich etapach życia z wyjątkiem populacji dorosłych wołów.

Stwierdzono jednak, że działanie *Beauveria bassiana,* dobrego środka bakteriobójczego przeciwko wielu szkodnikom z Lepidopteron, wywiera mniejszy wpływ na wróbelka Coleopteron niż środek owadobójczy. Badania nad jego możliwym wpływem na pajęczynęczynę liściową wykazały, że liczba robaków liściowych zmniejszyła się na działce poddanej działaniu środka, która jest prawie taka sama, jak liczba insektycydów poddanych działaniu środka owadobójczego.

Daje to wskazówkę, że grzyb jest równie skuteczny i przyjazny dla środowiska. Dlatego może być stosowany zamiast chemicznych środków owadobójczych.

Badania molekularne przeprowadzono poprzez wyizolowanie wysokiej jakości DNA z *Beauveria bassiana* i wzmocniono specyficznymi spłonkami do izolacji genu odpowiadającego *Bbchitowil*, który koduje enzym egzochitynazy odpowiedzialny za patogenezę. Sekwencja amplifikowanego produktu posiadała 1051 zasad. Sekwencja, gdy BLAST został trafiony, została potwierdzona, że posiada otwartą ramkę odczytu kodującą enzym egzochitynazy, dlatego też została wybrana do dalszych badań molekularnych w celu uzyskania nadekspresji tego enzymu poprzez sklonowanie tego genu do odpowiedniego wektora w celu zwiększenia jego produkcji handlowej. Pozwoli nam to na zbadanie możliwości komercyjnej produkcji tego czynnika biokontroli. Badania nad klonowaniem przeprowadzono poprzez transformację genu *Bbchitl B. bassiana za* pomocą plazmidowego wektora binarnego, w którym gen *Bbchitl* został umieszczony w dolnej części składowej promotora *gpd, za* pośrednictwem *Agrobacterium tumefaciens*. Transformatory dobrano na podstawie ekspresji oporności herbicydów. W podłożu z solą zasadową, uzupełnionym glukozą, która tłumiła rodzimą produkcję Bbchitl, analizowano około pięćdziesięciu uzyskanych kolonii odpornych na herbicydy. Produkowaną przez te transformatory chitynazę analizowano dalej, izolując białko w czystej postaci i oznaczając jego aktywność enzymatyczną. Enzym chitynaza została wytrącona poprzez nasycenie jej 35% i 70% siarczanem amonu, a enzym chitynazowy otrzymano w 70% frakcji. Czystą postać enzymu uzyskano poddając frakcję do dializy. Ta czysta frakcja została następnie oczyszczona metodą chromatografii anionowymiennej, a pobrany eluent sprawdzono metodą elektroforezy żelowej SDS-Poliakrylamid. 3-wymiarowa struktura białka Bbchitl, które koduje egzochitynazę wydzielaną przez *Beauveria bassiana, nie* jest dostępna w istniejących bazach danych białek (PDB). Ze względu na swoje znaczenie, sekwencja białek otrzymana w niniejszych badaniach została poddana badaniu PSI-BLAST i zdeponowana w NCBI.

W celu zbadania skuteczności i wydajności wysoko wyrażonej aktywności chitynazowej nad postacią surową, przeprowadzono badanie aktywności chitynazowej filtratu z hodowli w postaci oczyszczonej oraz hodowli surowej w różnych dniach inokulacji (od 1 do 15 dni). Zaobserwowano, że maksymalna aktywność chitynolityczna obserwowana była w siódmym dniu inokulacji w obu formach, 0,09 μ mol/ml/min (dla frakcji oczyszczonej) i 0,06 μ mol/ml/min dla ekstraktu surowego, co wskazuje na wzrost 50% aktywności w formie oczyszczonej. Zaobserwowano, że wraz ze wzrostem czasu inkubacji aktywność szybko rosła, a wraz z dalszym wzrostem czasu inkubacji aktywność ulegała obniżeniu. Przeprowadzono ocenę aktywności chitynolitycznej filtratu z hodowli *Beauveria bassiana* w różnych warunkach pH i temperatury, aby ocenić możliwą rolę tych dwóch parametrów w jego produkcji handlowej. Zaobserwowano, że maksymalna aktywność chitynolityczna została zaobserwowana przy pH 5,0 i temperaturze ^{400C}.

Badanie wykazało, że *Beauveria bassiana* może być stosowana jako skuteczny środek biokontroli szkodników palmy olejowej. Forma genetycznie zmodyfikowana jest bardziej efektywna w wyrażaniu patogeniczności i może być wykorzystywana do produkcji roślin transgenicznych. Ponadto badanie przewiduje, że komercyjna receptura tego patogenicznego grzyba jest możliwie cicha i może być bardzo skutecznie stosowana w zastosowaniach polowych do zwalczania lepidopteranów.

Referencje

Agarwal G P (1998) Grzyby entomogeniczne w Indiach i zwalczanie szkodników owadzich. *Indyjski fitopata* 43: 131-42.

Agarwal G P, Rajak R C, Katra P i Sandhu S S (1985) Badania nad entomogenicznymi grzybami pasożytującymi na owadach dębu. *J Trop Forest* 1: 91-94.

Aguda R M, Rombach M C i Roberts D W (1988) Effect of pesticides on germination and growth of three fungi of rice insects. *Int Rice Res Newsl* 13: 39-40.

Aguda R M, Sexana R C, Litsinger J A i Roberts D W (1984) Inhibitoryzujące działanie insektycydów na grzyby entomopatogenne *Metarrhizium anisopliae* i *Beauveria bassiana*. *Int Rice Res Newsl* 9: 16-17.

Alves S B, Pereira R M, Stimac J L i Vieira S A (1996) Opóźnienie w kiełkowaniu *Beauveria bassiana* conidia po długotrwałym przechowywaniu w niskich, powyżej temperatury zamarzania. *Biocontrol Sci Tech* 6: 575-81.

Ambethgar V (1996) Występowanie białego grzyba muskardynowego *Beauveria bassiana* (Bals.) Vuill. na folderze z liśćmi ryżu (*Cnaphalococrosis medinalis* Gn.). *Ann Pl Protect Sci* 4: 165-88.

Ambethgar V (1997) Record of white muscardine fungus *Beauveria bassiana* (Bals.) Vuill. on rice leaf leaf folder complex from Karaikal, Pondicherry Union Territory, India. *J Invert Path* 21: 197-99.

Ambethgar V (2002) Record of Entomopathogenic fungi from Tamilnadu and Pondicherry. *J Ent Res* 26: 161-67.

Anderson T E i Roberts D W (1983) Kompatybilność izolatów *Beauveria bassina* z preparatami owadobójczymi stosowanymi w zwalczaniu chrząszcza ziemniaczanego w Colorado (Coleoptera: Chrysomelidae). *J Econ Ent* 76: 1437-41.

Anderson T E, Haje A E, Roberts D W Preisler H K i Robertson J L (1989). Kolorado chrząszcza ziemniaczanego (Coleoptera: Chrysomelidae) efekty połączenia *Beauveria bassiana* ze środkami owadobójczymi. *J Econ Ent.* 82: 83-89.

Aneja, K.R. (2003), Experiments in Microbiology, Plant Pathology, Tissue Culture and Mushroom Production Technology; New Age International Publishers; Third Edition: 221-240.

Anon, (1991), Szkodniki palm olejowych i ich wrogowie w Azji Południowo-Wschodniej. Oleagineux, 46(11); 400-476.

Bajan C, Fedorko A, Kmitowa K i Wjciechowska M (1976) Wpływ mikroorganizmów chorobotwórczych na chrząszcza kolorado. *Byk. Acad. Pol. Sci., Ser. Sci. Biol.* 24: 171-73.

Bajan C, Kmitowa K i Popowska-Nowak E (1998) Reakcje różnych ekotypów entomopatogennego grzyba *Beauveria bassiana* na preparaty botaniczne Neem/trade mark/ i pyrethroid Fastak. *Arch Phytopath Pl Prot* 31: 369-75.

Bajan C, Kmitowa K, Micrzejewska E, Popowska-Nowak E, Mietkiewski R, Gorski R, Mietkiewska Z (1996) Grzyby Entomopatogenne zamieszkujące ściółkę leśną i glebę w lasach sosnowych o różnym stopniu zanieczyszczenia środowiska. *Entomologica* 31:157-66.

Balaraman K, Bheemarao U S i Rajagopalan P K (1979) Isolation of *Metarrhizium anisoplae, Beauveria tenella* and *Fusarium oxysporum* (Determycetes) and their pathgenicity to *Culex fatigans* and *Anopheles stephensi*. *Indian J Med Res* 70: 718-722.

Barlett K A i Leferbure C L (1934): *J Eco Ent*, 27:1147-57. Cytowany w Mac Loed D M (1954) Badania nad rodzajami *Beauveria* Vuill. i *Tritirachium* Limber. *Puszka J Bot* 32 : 818-90.

Beauverie J i Les Muscardines (1914) Le genre *Beauveria. Rev Gen Botany* 26 : 81-157. Original not seen, cited in Mac Loed D M (1954) Investigations on the genera *Beauveria* Vuill. and *Tritirachium* Limber. *Can J Bot* 32 : 818-90.

Beilharz V C, Parberry D G i Swart H J (1982) Dodine - środek selektywny dla niektórych grzybów glebowych. *Trans Br Mycol Soc* 79: 507-11.

Bel, M.R., i Hamale, R.J. (1974) Żywotność i patogeniczność grzybów entomogennych po długotrwałym przechowywaniu na żelu krzemionkowym w temperaturze -20oC. Puszka. J. Microbial, 20, 639-642.

Belling F H i Gllenn P M (1911) Wyniki sztucznego stosowania grzybicy białej muskardynki w Kansas. *United States Department of Agriculture Beaureou of Entomology bulletin* 107: 58pp.

Bevan, M (1984) Binary *Agrobacterium* vectors for plant transformation. Nucleic Acids Res. 12: 8711-8721.

Bhatt G C (1970) Mikrogrzyby glebowe z lasów cedrowych w Ontario. *Can J Bot* 48: 333-39.

Bleicher E, Quinetela E D, De Oliveria I S R, Quindere M A W (1994) Effect of the fungus *Beauveria bassiana* (Bals.) Vuil. and insecticides population of the boll weevil *Anthonomus grandis* Boh. *Anias da Sociedade Entomologica-do Brasil* 23: 131-34.

Booth S R and Shanks C H (1998) Potencjał wysuszonej grzybni ryżowej w zakresie tworzenia się entomopatogenicznych grzybów do tłumienia szkodników subterrańskich w małych owocach. *Biocontrol Sci Tec* 8: 197-206.

Boucias, D.G.i J.C. Pendland, (1988) "Nonspecific factors involve in the attachment of entomopathogenic deuteromyectes to host insect cuticle". Appl. Environ Microbol.

Bruce L. Wagner i Leslie C. Lewis(2000) Colonization of Corn, *Zea mays*, by the Entomopathogenic Fungus *Beauveria bassiana,* Applied and Environmental Microbiology, 66, 3468-3473.

Charnley A.K. (1984) "New insights into the mechanisms of fungal pathogenesis in insects." Trendy Mikrobol 4(5): 197-203.

Chase A R, Osborne L S i Ferguson V M (1986) Selektywna izolacja entomopatogenicznych grzybów *Beauveria bassiana* i *Metarrhizium anisopliae* z podłoża sztucznego doniczkowania. *Fla Ent* 69: 280-92.

Chowdhry P N i Mathur N (2000) Identyfikacja rodzajów *Nomurae, Beauveria , Metarrhizium* i *Pacilomyces* stosowanych przeciwko owadom: In Chowdhry P N (ed) *Manual on identification of insect and plant pathogenic fungi of Agricultural importance*", Centre of advanced studies in Plant pathology, IARI, New Delhi, 106-119.

Clark R A, Casagrande R A i Wallace D B (1982) Influence of pesticides on *Beauveria bassiana*, a pathogen of the Colorado potato beetle. *Environ Ent* 11: 67-70.

Clark, T.B., Kellen, W.R., Fukuda, R. and Lindergren, J.E. (1968) Field and Laboratory studies on the pathogenicity of the fungus *Beauveria basiana* to three genera mosquitoes. J. Invertebrate Path. 11, 1-8.

Clark, T.B., Mandellin, M.F.(1965) The longevity of conidia of three insect-parazitisms hyphomycetes. Trans.Br. Mycol. Soc. 48, 193-209

Clarkson, J. M. i A. K. Charnley (1996). "Nowe spojrzenie na mechanizmy patogenezy grzybów u owadów." Trendy Mikrobol 4(5): 197-203.

Cordon T C i Schwartz J H (1962) *Science* 138: 1265-66.Cited in Burges H D (ed) " *Microbial control of insect pests and mites*". Academic Press, Nowy Jork i Londyn, 860.

Costa G L, Sarquis M I M, Moraes A M L de, Bittencourt V R E P, da-Costa G L, de-Moraes A M L (2002) Isolation of *Beauveria bassiana* and *Metarrhizium anisopliae* var *anisopliae* from *Bhoophilus microplus* ticks in Reiode Janeiro state, Brazil. *Mycopathologia* 154: 207-09.

Dasgupta M R (1950) Dasgupta M R (1950) Dasgupta M R (1950) *Diseases of silkworm*, Monograph on chottage industries No.1, Printed by Govt of India press, Calcutta, India. Original not seen, cited in Mac Loed D M (1954) Investigations on the genera *Beauveria* Vuill. and *Tritirachium* Limber. *Puszka J Bot* 32 : 818-90.

De cal and Melgarejo P. (1999) Effects of long wave UV light on *Monilinia* growth and identification of species. Roślina Dis. 83: 62-65.

Delacroix M G (1893) Observations sur quelques formes *Botritis* parasites des insect, *Bull soc Mycol* France, 9:177-84. Original not seen. cited in Mac Loed D M (1954) Investigations on the genera *Beauveria* Vuill. and *Tritirachium* Limber. *Puszka J Bot* 32 : 818-90.

Dieuzeide R (1925) Grzyby Entomofityczne z rodzaju *Beauvera* Vuill. udział w eude de *Beauveria effusa* Vuill. pasożyt Doryphorae. *Ann. Epiphyt.* 2: 185-219.

Doberski J W i Tribe H T (1980) Izolacja grzybów entomogenicznych z kory wiązów i gleby w odniesieniu do ekologii *Beauveria bassiana* i *Metarrhizium anisopliae. Trans Br Mycol Soc* 74: 95-100.

Dresner E (1949) Contr. Boyce, Thomson Inst. *Pfl Res* 15:319-35. Original not seen, cited in Mac Loed D M (1954) Investigations on the genera *Beauveria* Vuill. and *Tritirachium* Limber. *Puszka J Bot* 32: 818-90.

Edson Hirose; Pedro M.O.J. Neves; Joao A.C. Zequi; Luis H. Martins; Cristiane H. Peralta i Peralta oraz Alcides Moino Jr (2001). Effect of Biofertilizers and Neem oil on the Entomopathogenic Fungi *Beauveria bassiana (*Bals.) Vuill. and *Metarhizium anisopliae* (Metsch.) Sarok. Brazilian archives of Biology and Technology, 44(4): 419-423.

Ekesi S, Maniana N K i Ampong- Nyarko F (1999) Wpływ temperatury na kiełkowanie, wzrost radialny i zjadliwość *Meatarrhizium anisopliae* i *Beauveria bassiana* na *Megalurothrips sjostedti. Biocontrol Sci Tech 9*:177-85.

El Hissy i Abdel-kader MI (1980); Effect of five pesticides on the mycelial growth of some soil and pathogenic fungi, *ZAllg Mikrobiol*, 20(4); 257-263.

Elsworth, J.F i J.F.Grove (1977) "Cyclodepsipeptides from *Beauveria bassiana* Bals. Część 1. Beauverolides H i I." J Chem Soc [Perkin 1] 3: 270-3.

Fang, W., Y. Zhang, X. Zheng, X. Yang, H. Duan, Y. Li, i Y. Pei. (2004). *Agrobacterium tumefaciens-mediated* transformation of *Beauveria bassiana* using an herbicide resistance gene as a selection marker. J. Invertebr. Pathol. 85:18–24.

Fargues J, Maniania N K, Delmas J C i Smith N (1992) Influence de la temperature sur la croisance *in vitro* d'hyphomycetes entomopathogens. *Agronomie* 12: 557-64. Abstract in CAB International, AN-923550001.

Feng M G i Johnson J B (1990) Reletive virulence of six isolates of *Beauveria bassiana* on *Diuraphis noxia* (Homeptera: Aphididae). *Environ Ent* 19: 785-90.

Fernandez J.P, Trujillo, M.C. Salmeron i F. Artes (1997) Effect of intermittent warming and modified atmosphere packaging on fungal growth in peaches, Food science and technology department. Choroby roślin, 81: 880-884.

Ferron P (1978) Biologiczne zwalczanie szkodników owadzich przez grzyby entomopatogenne. *Ann Rev Ent* 23: 409-42.

Florez, F. J. P. (2002) Grzyby do kontroli owoców jagodowych - Kolumbia. 35. doroczne spotkanie Towarzystwa Patologii Bezkręgowców, Foz Do Iguassu. Brazylia.

Gardner W A i Storey G K (1985) Wrażliwość *Beauveria bassiana* na wybrane herbicydy. *J Econ Ent* 78: 1275-79.

Georg, L.K., Williamson, W.M., Tilden, E.B. i Getty, R.E. (1962): Mycotic pulmonary disease of captive giant tortoises to *Beauvaria bassiana* and Paecilomyces Fumoso-RoseusSabouraudia 2, 80-86.

Goettel M S, Inglis G D i Wraight S P (2000) *Grzyby*. In: Lacey L A i Kaya H (red.) *Field manual w patologii bezkręgowców*. Kluwer Academic Press, Dordrechat, Holandia, str. 255-82.

Goettel M (1992) Cokolwiek się stało z "I". W "IPM". *Towarzystwo Redakcyjne ds. Patologii Bezkręgowców Newsletter* 24: 5-6. Oryginał nie widziany. Streszczenie w CAB International, AN-921000302.

Gouli S, Parker B L i Skinner M (1997) Izolacja grzybów związanych z wełnianką koszyczkową (Homoptera, adelgidae). *J Invert Path* 70: 76-77.

Grams, W., H.A. Vander A.A., A.J. Vander Plaats-Niterink, R. A.Samson i J.A.Stalpers, (1980). CBS Course of Mycology, wydanie drugie. Centraal Bureau voor Schimmelcultures. Baarn, The Nethelands.

Guex N i Peitsch M C, (1997) SWISS-MODEL i Swiss-PdbViewer: an environment for comparative protein modeling, Electrophoresis, (15):2714-23.

Gupta M i Pawar A D (1989) Biologiczna kontrola koników liściowych i zbiorników na rośliny w Andhra Pradesh. *Rośliny Protec Bull* 41: 6-10.

Gupta R B L, Sharma Shashi Yadava C P S (2002) Compatibility of two entomopathoenic fungi, *Metarrhizium anisopliae* and *Beauveria bassiana* with certain fungicides, insecticides and organic manure, *Indian J Ent* 64: 48-52.

Gustafsson M (1965) Lantsbruks *Wogs. Annlr* 31: 405-57.

Gutierrez G C, Ochoa-Mortinez L A, Medrano-Roladan H, i Tagle C H (2002) Suszony rozpryskowo mikrokapsułkowany preparat *Beauveria bassiana* do kontroli *odmian Epilachna. Swest Ent* 27: 105-09.

Hackman, R.H. (1984). Naskórek: Biochemia. Biologia Integratora. J. Bereiter - Hahn. A. G. Matolts i K. S. Richards. Berlin, Springer - verlag: 626-637.

Hallsworth J E i N Magan (1996) Appl. Environ. Microbiol., 435-2442, Vol 62, No. 7

Hamil, R.L i H.R. Sullivan, (1969). "Oznaczanie pirolnitryny i jej pochodnych za pomocą chromatografii gazowo-ciekłej." Stosować Microbiol 18(3): 310-2.

Hegedus DD i Khachatourians GG, (1996), Identification and differentiation of the entomopathogenic fungus Beauveria bassiana using polymerase chain reaction and single-strand conformation polymorphism analysis,J Invertebr Pathol. 1996 maj;67(3):289-99

Henke MO, De Hoog GS, Gross U, Zimmermann G, Kraemer D, Weig M.(2002) Human deep tissue infection with an entomopathogenic *Beauveria* species. J Clin Microbiol p:2698-2702.

Hidalgo E, More D i Patourel G L (1998) Wpływ różnych form użytkowych *Beauveria bassiana* na *Sitophilus zeameais* w przechowywanej kukurydzy. *J Stored Prod Res* 34: 171-79.

Hissy EI i Abdel-kader MI (1980); Wpływ pięciu pestycydów na wzrost grzybni niektórych grzybów glebowych i patogennych. Z. Allg Mikrobial, 20(4); 257-263.

Holm L and C Sander, (1993) Protein structure comparison by alignment of distance matrices, J Mol Biol.233 (1):123-38.

Hong Wan (2003). Dysertacja złożona do tytułu doktora nauk narodowych Uniwersytetu Ruperto-Carola w Heidelbergu, Niemcy: 143

Hughes S J, (1951) Studies on micro-fungi xi. Niektóre Hyphomycety produkujące fialidy. Mycological *papers No.* 45: 1. The commonwealth Mycological Institute, Kew, Surrey. Oroginal not seen. cited in Mac Loed D M (1954) Investigations on the genera *Beauveria* Vuill. and *Tritirachium* Limber. *Puszka J Bot* 32 : 818-90.

Ichiro Kawachi, Takuya Fujieda, Minoru Ujita, Yuko Ishii, Kenzo Yamagishi, Hiroaki Sato, Toru Funaguma i Akira Hara (2001) Purification and Properties of Extracellular Chitinases from the Parasitic Fungus *Isaria japonica,* Journal of Bioscience and Bioengineering, Vol. 92, No. 6, 544-549.

Ignoffo C M (1967) In Vander Laan P A (ed) *Insect pathology and microbial control,* North Hollond Public. Co., Amsterdam. 91-117.

Inglis G D, Goettel M S, Butt T M i Strasser H (2001) Zastosowanie grzybów hipomiocytarnych do zwalczania szkodników owadów. In Butt T

M, Jackson C and Magan N (eds.), *Fungi as Biocontrol Agents* CAB International, 23-69.

Jaros-Su J, Groden E i Zhang J (1999) Wpływ wybranych fungicydów i czas stosowania fungicydów na *Beauveria bassiana* - indukowana śmiertelność chrząszcza ziemniaczanego (Chrysomelidae: Coleoptera). *Kontrola biologiczna* 15: 259-69.

Jeffery C. Lord (2001) Desiccant Dusts Synergize the Effect of *Beauveria bassiana,* J. Econ. Entomol. 94(2): 367-372

Joussier D i Catrox G (1976) Rozwój kultury jednego miliaka dla wyliczenia *Beauveria tenella* w glebach. *J Odwróć Ścieżkę* 38: 191-200.

Kaaya G P, Mwangi E N i Ouna E A (1996) Prospects for biological control of livestock sticks *Rhipicephalis appendiculatus* and *Amblyomma variegathum* using entomogenous fungi *Beauveria bassiana* and *Metarrhizium anisopliae*. *J Invert Path* 67: 15-20.

Kalidas, P. (2003) Stress management of insect pests on Oil palm, *Elaeis guineensis* Jacq. Journal of Oilseeds Research, 21(1): .220-223.

Kalidas, P. i P.Rethinam (1998) Incidence of leaf web formers on Oil palm: Nowy raport.

Kawakami K (1967) *Buill Seric Evp Stn Japan*.16: 83-99. Cytowany w Burges H D (ed) "*Microbial control of insect pests and mites*". Academic Press, New York and London, 860.

Kerner G (1959) *Trans Int Cont Insect Path Biol Control*, Ist , Praga, str. 169-76. Cytowane w Burges H D (ed) "*Microbial control of insect pests and mites*". Academic Press, New York and London, 860.

Khemika Songjang, Tawee Donchai , Paranya Chaiyawat i Christopher R. Meyer, (2006) Cloning and Expression of Chitinase Gene Isolated from Insect Pathogenic Fungi, *Beauveria bassiana* in *Escherichia coli,* Chiang Mai J. Sci. 2006; 33(3) : 347 - 355.

Kleespies R, Bathon H i Zimmermann G (1989) Badanie naturalnego występowania grzybów i nicienia entomopatogennego w różnych glebach w okolicach Darmstadt Gesunde. *Pflarrzen* 10: 350-55.

Klingen I , Edenbery J i Mcadow R (2002) Wpływ systemów rolniczych, obrzeży pól i owadów przynętowych na występowanie w glebie grzybów chorobotwórczych dla owadów. *Agric Ecosys Environ* 91: 191-98.

Kmitowa K, Bajan C i Wojciechowska (1977) Różnice w patogeniczności grzybów entomopatogennych z Francji i Polski. *Pol Ecol Stud* 3: 115-26.

Kobayasi Y (1977) Różne notatki na temat rodzaju *Cordyceps* i jego sojuszników. *J J Jpn Bot* 52: 269-72.

Kuru M (1932) Na nowym patogenicznym grzybie, "Isaria shiotae, Nov.Spec." uprawianym w stadzie pseudoksantomatozowym ludzi. Japonia. J. Med. Sci. IX Surg. 2: 327-358.

podręcznik laboratoryjny. Laboratorium Cold Spring Harbor, Nowy Jork.

Lacey L A i Goettel M S (1995) Aktualny rozwój w zakresie zwalczania mikrobiologicznego szkodników owadzich i perspektywy na wczesnym etapie. *Entomophaga* 40: 3-27.

Lappa N V (1978) Practical applications of entomopatogenic muscardine fungi, pp. 51-61. In: C M Ignoffo (ed), *Proc.* *Ist* *US/USSR Conference on Production, Selection and Standardization of Entomopathogenic Fungi.* (Projekt V). National technical information service, Springfield, Va. 293.

Latge, J.P.i M. Monsigny, (1988) "Visualization of exocellular lectins in the entomopathogenic fungus Condiobolus obscurus." J. Histochem Cytochem. 36: 1419-1424.

Lecuona R E, Edelstein J D, Berretta M F La Rossa F R i Arcas J A (2001) Evaluation of *Beauveria basianana* (Hyphomycetes) szczepy *Beauveria basianana* (Hyphomycetes) as potential agents for controol of *Triatoma infestans* (Hemiptera: Reduviidae). *J Med Ent* 38: 172-79.

Lee-Sang Myeong, Lee- Dong Woon, Choo- Hoyui, Lee S M, Lee D W i Choo H Y (1996) Izolacja entomopatogenicznych grzybów i nicienia w południowej części Korei. *FRI. J Forest Sci Seoul* 53: 110-16.

Lefebure (1931) wstępne obserwacje dwóch gatunków *Beauveria* atakujących omacnicę kukurydzianą (*Pyrausta nubillis* Hbn.). *Phytopathology* 21 : 124-35,1128.

Leslie C. Lewis, Denny J. Bruck, Robert D. Gunnarson i Keith G. Bidne (2001), Assessment of Plant Pathogenicity of Endophytic *Beauveria bassiana* in Bt Transgenic and Non-Transgenic Corn *Crop Science* 41:1395-1400.

Li Duo-Chuan, (2006), Review of fungal chitinases, Mycopathologia 161: 345–360.

Lin H F, Li L D, Li Z Z i Fan M Z (1997) Badanie zewnątrzkomórkowej proteazy w entomopatogenicznym grzybie *Beauveria bassiana* oraz związku pomiędzy proteazą a typem esterazy szczepów. *Chiński J Biol Contr* 13: 32-36.

Lindquist R K (1993) Integrated insect, mite and disease management programs on green house crops: pesticide and application methods. In: Robb K i Hall J (ed) *Proceedings Ninth conference on Insect and Disease Managament in Ornamentalis Del Mar California.* Society of American florists, Alexandria, Virginia str. 38-44.

Ling A J i Donaldson M D (1981) Biotyczne i abiotyczne czynniki wpływające na stabilność *Beauveria bassiana* conidia w glebie. *J Invert Pathol* 38: 191-200.

Liu H, Skinner M, Brownbridge M, Parker BL. (2003) Characterization of *Beauveria bassiana* and *Metarhizium anisopliae* isolates for management of tarnished plant bug, *Lygus lineolaris* (Hemiptera: Miridae). J Invertebr Pathol,139-147.

Loria R, Galaini S i Roberts D W (1983) Survival of inoculum of the entomopathogenic fungus *Beauveria bassiana* as influenced by fungicides. *Environ Ent* 12: 1724-26.

Mac Loed D M (1954) Badania dotyczące rodzajów *Beauveria* Vuill. i *Tritirachium* Limber. *Puszka J Bot* 32 : 818-90.

Madelin M F (1963) Choroby wywołane przez grzyby hiomiocytowe: W Steinhaus E A (ed) *Patologia owadów: An Advanced Treatise* Academic press, New York and London, 233-64.

Malo A R i Pardy A E B (1997) Drobna struktura chlamydosporów *Beauveria bassiana* w hodowli zmieniona chlorkiem kopperoksylowym. *Revista Columbiana de Entomologia* 23: 133-36.

Maniania N (1993) Evaluation of three formulations of *Beauveria bassiana* (Bals.) Vuill. for the control of the stem borer *Chilo partellus* (Swinhoe) (Lepidoptera, pyralidae). *J Zastosowanie pozycja* 115: 266-72.

Maria Cecı'lia dos Reisa, Maria Helena Pelegrinelli Fungarob, Rubens Tadeu Delgado Duartea, Luciana Furlanetoc, Marcia Cristina Furlanetoa, (2004), Agrobacterium tumefaciens-mediated genetic transformation of the entomopathogenic fungus *Beauveria bassiana,* Journal of Microbiological Methods, 58, 197- 202.

Maria de las Mercedes Dana, Jose A. Pintor-Toro i Beatriz Cubero, (2006), Transgenic Tobacco Plants Overexpressing Chitinases of Fungal Origin Show Enhanced Resistance to Biotic and Abiotic Stress Agents, Plant Physiology, 142, 722-730.

Mariau, D. and R. Desmier de chenon (1990) Importance of the role of entomopathogenic viruses in Oil palm leaf-eating Lepidoptera species. Perspektywy rozwoju metod kontroli biologicznej. Oleagineux 45 (11): 487-491.

Martignoni M E (1964) In P De Bach (ed)*Biological Control of Insect Pests and Weeds* pp 579-609 Reinhold, New York.

McCoy C W, Samson R A i Boucias D G (1988) Grzyby Entomogeniczne. In : Ingoffo C M i Mandava N B P (eds). *CRC Handbook of Natural Pesticides,* Vol. V: Microbial Insecticides Part A. Entomogenous Protozoa and Fungi, 151-236.

McCoy, CW. (1990).Entomogenne grzyby jako mikrobiologiczne pestidy. W: Baker RR i Dunn PE. , redaktor. New Directions in Biological Control. New York, NY, A.R. Liss;).139-159.

McLeod AR, Rey A, Newshou KK, Lewis GC, Wolferstam P. (2001) J. Photochem Photobiol B. 1; 62(1-2): 97-107.

Mietkiewski R i Mietkiewski Z (1993) Występowanie grzybów entomopatogenicznych w glebach uprawnych. *Acta-Mycologica* 28: 77-82.

Miller, G. L, (1959) Stosowanie odczynnika kwasu dinitrozalicylowego do oznaczania cukrów redukujących. *Anal. Chem.* 31: 426–428.

Miranpuri G S i Khachatourians G G (1990) Larvicidal activity of blastospore and conidiospores of *Beauveria bassiana* (szczep GK 2016) against age group of *Aedes aegypti*. *Vet Parasitol* 37: 155-62.

Miranpuri G S i Khachatourians G (1991) Miejsca zarażenia grzybem entomopatogenicznym *Beauveria bassiana* w larwach komara, *Aedes aegypti*. *Entomol exp appl* 59: 19-27.

Mohamed A. Elwakil (2005) Physiological study of *Sclerotium rolfsii sacc.* Pakistan Journal of Plant Pathology 2(2): 102-106.

Mretkiewski R, Dziegielewska M i Janowiez K (1990) Grzyby Entomopatogenne izolowane w okolicach Sszczecina. *Acta- Mycologica* 33: 123-30.

Muller-Kogler E (1967) In P A Vander Lann (ed) *Insect pathology and Microbial control*. North Holland Publ. Co. Amsterdam, 339-53.

Murlimohan Ch (2003) Characterization for the virulence of *Beauveria bassiana* and *Nomuraea reliye* against *Helicoverpa armigera* H. Ph. D., Andhra University, Vizag India. 278.

Narasimhan M J (1970) Grzyby entomogeniczne i możliwość ich wykorzystania do biologicznego zwalczania szkodników owadzich w Indiach, *Indyjski fitopth* 23: 16-26.

Nareen Nasir (2003) Effect of fungicides in limiting growth of seed borne fungi of soyabean, Pakistan journal of plant pathology, 2(2); 119-122.

Nayak P i Srivastava R P (1978) Występowanie *Beauveria bassiana* (Bals.) Vuill. na niektórych szkodnikach ryżu. *Indian J Ent* 40: 99-100.

Nelson T.L, A. Low and T.R. Glare (1996) Large scale production of New Zealand strain of *Beauveria* and *Metarhizium* .49th conference proceedings of the New Zealand plant protection society, 257-261.

Neumayer J, Gibbons D i Trask H (1969) *Chem Wkly Report* 12 kwietnia. Cytowane w Burges H D (ed) "*Microbial control of insect pests and mites*". Academic Press, New York and London, 860.

Olmert I i Kenneth R G (1974) Wrażliwość grzybów entomopatogennych, *Beauveria bassiana, Vericillium lecanii* i *Verticillium* sp. na środki grzybobójcze i owadobójcze. *Environ Ent* 3: 33-38.

Padmanabhan B, Chaudhary R G i Gangwar S K (1990) Występowanie *Beauveria velata* Samson i Evans na niektórych szkodnikach ryżu Lepedopteran. *Oryza* 27: 501-02.

Pandit N C, Som D i Chatterjee S M, (1979) *Beauveria bassiana* (Bals.) vuill. jako patogen *Nisotra orbiculata* Mots. infekujący mesta *Hibiscus cannabinus*. *J Ent Res* 3: 111-13.

Paty R (1935) Sur un champignon parasite du Doriphorae (*Leptionotarsa decemlineata* Say). *Bull soc sci Bretagne*, 12: 62-66.

Petch T (1926a) Entomogenne fiungi i ich stosowanie w zwalczaniu szkodników owadzich. *Ceylone Dept Agri Bull*, 71: 1-40.

Petch T (1926b) Badania na temat grzybów Entomopatogennych VIII Uwagi na temat *Beauverii. Trans Br Mycol Soc* 10: 244-71.

Petch T (1931) Uwagi dotyczące grzybów entomogenicznych. *Trans Br Mycol Soc* 16: 55-75.

Pfeifer TA, Hegedus DD, Khachatourians GG, (1993), mitochondrialny genom entomopatogenicznego grzyba *Beauveria bassiana*: analiza rybosomalnego regionu RNA, Can J Microbiol; 39(1): 25-31.

Picard F (1915) Le Cleonus mendicus et le Lixus scabricollis, *Curculionides nusiblis* a la Betterave. *Ann Service Epiphyt,* Paryż 2: 321-40. Original not seen. cited in Mac Loed D M (1954) Investigations on the genera *Beauveria* Vuill. and *Tritirachium* Limber. *Puszka J Bot* 32: 818-90.

Poission R and Patay R (1935*) Beauveria doryphorae* n. sp. muscardine parasite du Doryphorarae: (*Leptinotarsa decemlineata* Say.). (Coleoptere: Crsomelide). *Compt rend,* 200: 961-63.

Puzari K C i Hazarika L K (1992) Grzyby Entomopatogeniczne z północno-wschodnich Indii. *Indian Phytopath* 45: 35-38.

Ramamurthy, Oblisami K G i Rangasawmi G (1967) *Mysore J Agric Sci* 1: 225-26. cytowane w Agarwal G P, Rajak R C, Katra P i Sandhu S S (1985) Badania nad entomogennymi grzybami pasożytującymi na szkodnikach dębu. *J Trop Forest* 1: 91-94.

Ramarajah Urs N V, Govindu H C i Shivashankara Shastry K S (1967) Wpływ niektórych środków owadobójczych na grzyby entomogenne *Beauveria bassiana* i *Metarrhizium anisopliae*. *J Odwrócona ścieżka* 9: 398-403.

Ramesh K Murali Mohan Ch, Arunalakshmi K, Padmavathi J i Umadevi K (1999) *Beauveria bassiana* (Bals.) Vill. (Hyphomycetes, Moniliales) w zwalczaniu szkodników bawełny; złożone badanie na rolkach do liści bawełny (*Sylepta derogeta* (Fabricius) Lepidoptere; pyralidae*). J Ent Res* 23: 267-71.

Rao P S (1975) Szeroko rozpowszechnione występowanie *Beauveria bassiana* na szkodnikach ryżu. *Curr Sci* 44: 441- 42.

Reader, U., i P. Broda. (1985) Szybkie przygotowanie DNA z grzybów włóknistych. Lett. Zastosowanie. Mikrobol. 1:17–20.

Richard J.Milner, (2000) CISRO, Entomologia; Aktualny status *Metarhizium* jako mykoinsektycyd w Australii. Biocontrol news and information, 21:247-250.

Roberts D W i Campbell A S (1977) Stabilność grzybów entomopatogenicznych. *Misc Publ Entomol Soc AIII* 10: 19-76.

Roberts, D.V., (1973) Środki do regulacji owadów - Grzyby. Ann. N.Y. Acad. Sci. 217: 76-84.

Roddam L F i Rath A C (1997) Izolacja i charakterystyka *Metarrhizium anisopliae* i *Beauveria bassiana* z subatraktycznej wyspy Macquarie, *J Invert Path* 69: 285-88.

Rombach M C, Aguda R M i Shepard B M (1986) Infestation of rice brown palnt hopper, *Nilaparvata lugens* (Homoptera: Delphacidae), by field application of Entomopathogenic Hyphomycetes (Deuteromucotina). *Środowisko naturalne Ent* 15: 1070-73.

Saccardo P (1892) *Notae mycologicae Sylloge Fungorum.* 10: 540 Cytowany w Mac Loed D M (1954) Badania dotyczące rodzajów *Beauveria* Vuill. i *Tritirachium* Limber. *Puszka J Bot* 32 : 818-90.

Saccardo P A (1912) Notae mycologicae *Ann mycol Ser* 14: 32.

Sambrook, J., Fritsch, E.F. i Maniatis, T, (1989). Klonowanie molekularne: A

Samson R A i Evans (1982) Dwa nowe *Beauveria* spp. z Ameryki Południowej. *J Invert Path* 39: 93-97.

Samson R A (1980) Identyfikacja entomopatogennych Deuteromycetów: In : Burges H D(ed) *Biological Control of Pests and Plant Diseases* 1970-80, Academic Press, New York. 93-106.

Sandhu S, Rajak C i Meeta Sharma (1993) Bioaktywność *Beauveria bassiana* i *Metarhizium anisopliae* jako patogenów *Culex trita seniorhynchus* i *Aedes aegypti* : Wpływ zarodka, dawkowania i czasu. *Indian J Microiol.* 33 : 191-94.

Shah PA i Pell JK. (2003) Grzyby entomopatogeniczne jako biologiczne środki kontroli. Appl Microbial Biotechnology, 413-423.

Sharma Shashi, oraz Gupta R B L (1998) kompatybilność *Beauveria bringniartii* z pestycydami i nawozami organicznymi. *Pesticides Research Journal* 10: 251-53.

Shimazu M, Sato H i Maehara N (2002) Gęstość występowania entomopatogenicznego grzyba *Beauveria bassiana* Vuill (Deuteromycotina: Hyphomycetes) w powietrzu i glebie leśnej. *Appl Ent Zool*, 37: 19-26.

Siemaszko W (1937) Studja nad grzybami owadobojezemi Polski *Arch Nauk Biologicznych Towarz Nauk Warszaw* 6:1-83.

Siemaszko W i Jawarski J (1939) Barwienie podłoża w kulturach *Beauveria globulifera* (Speg.) Picard i Bacteria. *Soc Mycol France*, 53-55:245-50.

Smasinakova A (1966) Wzrost i sportulacja zanurzonych kultur grzyba *Beauveria bassiana* w różnych mediach. *J Odwrócona ścieżka*, 8:395-400.

Speare A T (1920) Dalsze badania *Sorosporella uvella*, pasożyta grzybowego larw Noctuid. *J Agric Research* 18: 399-439.

Spegazzini C (1880) *Sporotrichum globuliferum* Fungi Argentini. *Ann Soc cient* Argentina 10:278-285.

Srilakshmi, P, Thakur, R.P., Satya Prasad, K. i Rao. V.P(2001) Identification of *Trichoderma* species and their antagonistic potential against *Aspergillus flavus* in groundnut. *International Arachis Newsletter*. 21. 40-43.

Srivastva R P i Nayak P (1977) Muscardine disease on brown plant hopper of rice. *Curr Sci* 47: 355-56.

St Leger, R. J i D. W. Roberts, (1991) "Wzór do wyjaśnienia różnicowania 'appressoria przez gennlings *Metarhizium anisopliae*." J. Invertebr. Pathol 57: 2 299-310.

St Leger, R. J i T. M Butt, (1989a). "Production in vitro appressoria by the entomopathogenic fungus *Metarhizium anisopliae.*" Exp. Mycol 13 :274-288.

St Leger, R. J.. T. M. Butt, (1989 b). "Synteza białek, w tym proteazy degradującej naskórek podczas różnicowania entomopatogenicznego grzyba *Metarhizium anisopliae.*" Exp. Mykol. 13: 253-262.

Steinhaus E A (1956) Infekcje grzybicze : In principles of insect pathology (ed) 1st ed, 318.

Storey G K i Gardner W A (1986) Wrażliwość grzybów entomopatogennych *Beauveria bassiana* na wybrane regulatory wzrostu roślin i dodatki do oprysków. *Appl Environ Microbiol* 52:1-3.

Sun J D, Wu G Y, Lin A, Zeng M S, Wang Q S, Xu D Y (1993) Badania i pokazy zintegrowanej kontroli wołka herbacianego przez mieszankę pestycydów i mikrobów. *Tea Sci Tech Bull* 3: 32-34.

Teddars W L (1981) *In Vitro* inhibicja entomopatogennych grzybów *Beauveria bassiana* i *Metarrhizium anisopliae* przez sześć fungicydów stosowanych w hodowli pekan. *Eniron Ent* 10: 346-49.

Thomas K C, Khachatourians G i Ingledew W M (1987) Produkcja i właściwości *Beauveria bassiana* conidia uprawiana w kulturze zanurzonej. *Can J Microbiol.* 33: 12-20.

Tikhonov, V. E., Lopez-Llorca, L. V., Salinas, J. i Jansson, H.-B (2002) Oczyszczanie i charakterystyka chitynaz z grzybów nicieniowych *Verticillium chlamydosporium* i *V. suchlasporium.* Fungal Genetics and Biology, 35, 67-78.

Timonin M I (1939) Pathogenicity of *Beauveria bassiana* (Bal.) Vuill. on Colorado potato bettle larvae. *Can J Res* 17: 103-07.

Todorova S L, Coderre D, Duchesne R M i Cote J C (1998) Compatibility of *Beauveria bassiana* with selected fungicyds and herbicyds. *Environ Ent* 27: 427-33.

Toumanoff, C., (1931): Działanie grzybów entomofitycznych na pszczoły. Annls Parasit. Hum.Comp. 9: 464-482.

Urs N V R, Govindu H C i Sastry K S M (1967) 34 : 341. *J Odwróć ścieżkę.* Cytowany w Narasimhan M J (1970) Entomogeniczne grzyby i możliwość ich wykorzystania do biologicznej kontroli szkodników owadów w Indiach, *Indyjski Fitopth* 23: 16-26.

Vahidi H, Kobarfard F i Namjoyan F (2004). Effect of cultivation conditions on growth and antifungal activity of Mycena leptocephala. African journal of biotechnology, Vol: 3(11): 606-609.

Vannien I i Hokkanen H (1989) Wpływ pestycydów na cztery gatunki grzybów entomogennych. *Ann Agric Fen* 27: 345-53.

Vanninen I (1995) Rozmieszczenie i występowanie czterech grzybów entomopatogenicznych w Finlandii: wpływ położenia geograficznego, typu siedliska i typu gleby, *Mycol Res* 100: 93-101.

Veens K H i Ferron P (1966) Pożywka selektywna do izolacji *Beauveria tenella* i *Metarrhizium anisopliae*, *J Invert Path* 8: 268-69.

Vincent J M (1947) Zniekształcenie przerostu grzybowego w obecności niektórych inhibitorów. *Natura* 159: 850

Vuillemin P (1912) *Beauveria*, nowatorski gatunek Verticillacees. *Bull soc Botany* France 59: 34-40.

Walstad, J.D., Anderson, R.F., Stambaugh, W.J. (1970): Effect of environmental conditions on two species of muscardine Fungi (*Beauveria bassiana* and *Metarhizium anisopliae*). J.Invertebr. Path., 16: 221-226.

Wan Hong, (2004), Molecular biology of the entomopathogenic fungus Beauveria bassiana: insect-cuticle degrading enzymes and development of a new selection marker for fungal transformation, Biowissenschaften Biologie, Ph.D. Thesis.

Watkins T C i Norton L B (1955) *Ręczna książka o insektycydowych pyłach, rozcieńczeniach i nośnikach.* Dorland Books Caldwell, Nowy Jork, 550.

Weiguo Fang, Bo Leng, Yuehua Xiao, Kai Jin, Jincheng Ma, Yanhua Fan, Jing Feng, Xingyong Yang, Yongjun Zhang, i Yan Pei, (2005), Klonowanie *Beauveria bassiana* Chitinase Gene *Bbchit1* i jego zastosowanie w celu poprawy zjadliwości szczepów grzybów, stosowane i mikrobiologii środowiskowej, 2005, Vol.71, No.1, 363-370.

Wood, B. J., R.H.V. Corley i K. H.Goh (1972). Badania nad wpływem szkód wyrządzonych przez szkodniki na wydajność palmy olejowej. In Advances in Oil palm Cultivation (R.L. Wastie and D.A. Earp., eds.) Incorporated Society of Planters, Kuala Lumpur, 360-379.

Wrigt J E and Chandler L D (1991) Ocena laboratoryjna entomopatogenicznych grzybów *Beauveria bassiana* przeciwko wołka pachwinowego (Coleoptera; curculionidae) *J Invert Path* 58: 448-49.

Wrigt J E and Chandler L D (1992) Development of biorational mycoinsecticide *Beauveria bassiana* conidial formulation and its application against boll weevil populations (coleoptera; curculionidae). *J Econ Ent* 85: 1130-35.

Yaginuma K, Teixeira A R i Kishino K I (1994) Izolacja i wykorzystanie grzybów entomogenicznych w Cerrado do zwalczania szkodników owadzich, *Agricola* 92: 215-225.

Yanhua Fan; Weigou Fang; Shujuan Guo; Xiaoqiong Pei; Yongjun Zhang; Yuehua Xiao; Demou Li; Kai Jin; Bidochka Michael J.; Yan Pei (2007) Zwiększona zjadliwość owadów w szczepach Beauveria bassiana nadmiernie ekspresujących zmodyfikowaną chitynazę, mikrobiologia stosowana i środowiskowa, vol. 73, no1, 295-302.

Zhang A W, Liu-W Z, Deng C S, Nong X Q,Wu Z K Guv W C, Jiang B, Wang S F, Bong L W i Chen F (1990) Field control of Asian corne borer *Ostrinia furnacalis* (Lepidoptera; pyralidae) with *Beauveria bassiana. Chińska J Biol Contr 6*: 118-120.

Zimmerman (1986) The Galleria bait method for detection of entomopathogenic fungi in soil, *J Appl Ent.* 102: 213-15.

Printed by Books on Demand GmbH, Norderstedt / Germany